全国高等院校艺术设计类"十四五"精品规划教材
普通高等教育艺术设计应用型与创新系列教材

建筑装饰材料与构造

周振辉　编著

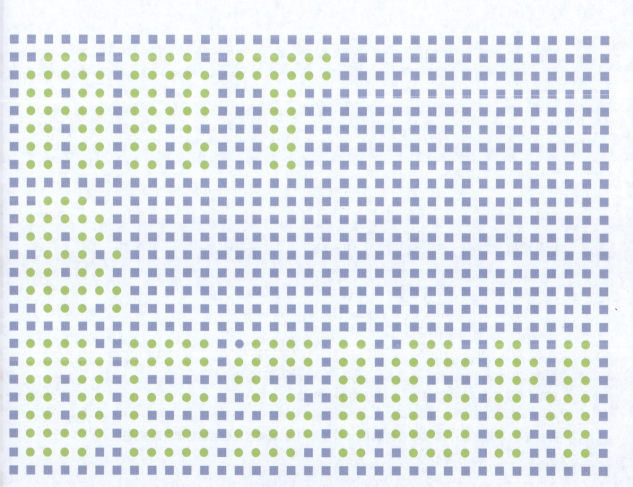

WUHAN UNIVERSITY PRESS
武汉大学出版社

图书在版编目(CIP)数据

建筑装饰材料与构造／周振辉编著. -- 武汉：武汉大学出版社，
2024. 10. -- 全国高等院校艺术设计类"十四五"精品规划教材　普通
高等教育艺术设计应用型与创新系列教材. --ISBN 978-7-307-24537-2

Ⅰ. TU56；TU767

中国国家版本馆 CIP 数据核字第 2024VA1084 号

责任编辑:黄　殊　　　责任校对:汪欣怡　　　装帧设计:高　蓬　韩闻锦

出版发行:**武汉大学出版社**　　(430072　武昌　珞珈山)

(电子邮箱:cbs22@whu.edu.cn 网址:www.wdp.com.cn)

印刷:湖北金海印务有限公司

开本:787×1092　1/16　印张:16.5　字数:348 千字

版次:2024 年 10 月第 1 版　　2024 年 10 月第 1 次印刷

ISBN 978-7-307-24537-2　　定价:59.80 元

前　言

　　材料是人类赖以生存和发展的物质基础，是可以直接制作成成品的东西。就环境设计而言，任何设计方案的实现都要使用一定的材料，都要落实于相应的材料表现手法，都要依赖某种技术及加工方式。因此，材料是环境设计的物质基础，构造和施工工艺则是连接材料与设计理念的纽带。

　　"建筑装饰材料与构造"是环境设计专业室内设计方向的一门主干课程。本教材依据现有对装饰材料的分类方法以及相关的国家和行业标准，从材料的性质、规格、构造等方面去讲解基础知识，并针对不同建筑构件与材料的施工工艺展开论述，让学生了解装饰材料的加工流程及施工方法，并学会绘制构造图，为学生养成良好的专业素质、提升工作技能奠定基础。

　　本书由山东工艺美术学院建筑与景观设计学院院长李文华教授审定，适合作为本科、高职高专等教育层次的教学用书。

　　本书在编写过程中参考了前辈学者的研究成果和文献资料，在此由衷地表示感谢。随着科学技术的迅猛发展，新材料、新技术层出不穷，与之相适应的构造和施工工艺也在不断进步。囿于作者自身的水平，书中的不足和疏漏之处在所难免，敬请各位专家和广大读者批评指正。

山东工艺美术学院　周振辉

目　录

第一章　概述

世界是物质的，材料是物质的具体表现形式。在物质世界中，材料与人类的生活息息相关，人类对材料的认知和使用方式成为衡量人类社会文明发展进程的重要标志。材料的发展推动着人类社会的进步，每个时代都有其代表性的材料。

早在两三百万年前，人类开始使用石材制作器物，后人把这个时期称为"石器时代"。在石器时代初期，人类只掌握了简单的打制技术，制作的工具较粗糙，此时期被称为旧石器时代。在石器时代晚期，人类学会了打磨、钻孔等工艺，制作出的石质工具更为精巧，此时期被称为新石器时代。在这一时期，人类使用火烧的方式把泥土烧制成各种器物，制作出自然界原本不存在的物品——陶器，并用于生产生活。在公元前4000~公元前3000年，人类学会了在纯铜中加入锡或铅等金属，冶炼出青铜，使用青铜制作出的器物可塑性好、化学性能稳定，这标志着人类进入了"青铜时代"。约公元前1400年，人类开始冶铁制作器物，从此进入了"铁器时代"。工业革命后，新材料、新工艺更是层出不穷。如今，材料科学成为社会发展的坚实基础，各种复合材料、高分子材料等不断涌现，持续推动着社会进步。

就环境设计而言，材料是设计成果最终呈现的载体，所有的设计方案都依托于合适的材料，并采用相应的构造才能付诸现实，制作出成品，最终供人们使用。纵观古今中外，众多优秀的建筑师、环境设计师都是材料应用的大师。如果没有材料和构造知识的支撑，缺乏对材料及构造学的深刻理解，设计方案只能是纸上谈兵。

第一节　基本概念

广义上的材料，是指人类能掌控的所有自然和人造物质，包括诸如泥土、木材、石头、混凝土、铝合金等固态材料和水、风、光、气、雾等非固态材料。狭义上的材料，是指能直接或简单加工后用于制造构件、器物或其他物品的东西。

装饰材料，一般理解为依附于建筑物本体，对建筑物的外观及内部（室内）空间起到装饰美化作用的材料，常被认为是建筑的"外衣"，它是建筑材料中的一个重要类别。作为建筑的表面覆盖材料，它的直观性非常强，对建筑的视觉表现具有非常重要的作用，因此受到设计师和使用者的重视。

本书主要面向室内设计专业的学习者，故内容倾向于室内设计中常用装饰材料。同时，为方便学习者系统掌握室内装饰工程中常用材料的相关知识，书中收录的材料不仅仅是用在建筑内空间表面起到装饰美化作用的装饰材料，还包括一些起到支撑作用的骨架材料、起到连接作用的基层材料以及其他相关材料，可以理解为室内装饰工程中能应用到的绝大部分材料，但仍采用"装饰材料"的称谓。实际上，装饰材料的范畴非常广泛，只要是设计师能把控的材料，都可以称为装饰材料。

构造是指事物内部各组成部分的构成、组织及其相互之间的关系。装饰材料构造主要探讨材料选择及其搭建方式，以构建出满足设计要求的装饰工程。施工工艺是指装饰工程实施的具体规范，如施工流程、工艺标准等，它以构造原则为指导，由此可知材料构造和施工工艺是相互关联但又各有侧重的，故教材中也会涉及与材料构造相关的施工工艺。

书中收录的材料是室内装饰工程中比较常规的材料，意味着此类材料容易获取、品质稳定、构造技术成熟、价格相对便宜。笔者认为，对常规材料和构造相关知识的掌握，是设计师在材料创意表现时选择相应的材料和构造方式的基础，恰似树木之根、水流之源。

第二节　装饰材料的种类

装饰材料的种类繁多、数量庞大，为了更有条理地了解材料的性能、用途和构造方式，首先要对材料进行分类，常见的分类方法有如下几种：

一、按化学成分分类

根据化学成分的不同，装饰材料可分为有机材料、无机材料和复合材料（见表1-2-1）。

表 1-2-1　　　　　　　　　　　　装饰材料（按化学成分分类）

分　类		实　例
有机材料	植物材料	木材、竹材、藤材、植物纤维制品等
	沥青材料	石油沥青、煤沥青及其制品等
	高分子合成材料	塑料、树脂、涂料、胶黏剂等
无机材料	金属材料　黑色金属	铁、钢、不锈钢等
	金属材料　有色金属	金、银、铜、铝、锌等
	非金属材料　天然石材	大理石、花岗石、砂岩等
	非金属材料　玻璃	平板玻璃、钢化玻璃、艺术玻璃等
	非金属材料　烧土制品	烧结砖、瓦、陶瓷等
	非金属材料　胶凝材料	石膏、水泥、混凝土等
	非金属材料　无机纤维材料	岩棉、玻璃纤维、矿物棉等
复合材料	有机材料和无机非金属材料复合	玻璃纤维增强塑料、沥青混凝土、聚合物混凝土等
	金属材料和无机非金属材料复合	钢筋混凝土、钢纤维混凝土等
	金属材料和有机材料复合	铝塑板、塑钢等

二、按装饰部位分类

根据装饰部位的不同，装饰材料可分为建筑外部装饰材料和建筑内部装饰材料两大类。建筑内部装饰材料又可按界面分成墙面装饰材料、地面装饰材料、顶面装饰材料等。

三、按构造逻辑分类

以上两种分类方式可以让学习者直观地了解材料本身的性能、用途，但材料的使用最终需要通过某种构造方式来呈现。大多数装饰工程的构造由内而外可分为三部分：内部的结构支撑材料、中间的基层连接材料和表面的饰面装饰材料。为了使学习者更好地理解装饰材料与构造的关系，本书按照构造逻辑把装饰材料分为结构支撑材料、基层连接材料、饰面装饰材料三大类，每一大类再按照材料的化学成分和装饰部位作进一步细分（见表 1-2-2）。需要注意的是，这样是为便于学习，而并不代表某类材料的功能仅限于此，如作为结构支撑材料的型钢也可以用作饰面装饰材料。

表 1-2-2 　　　　　　　　　　**装饰材料（按构造逻辑分类）**

层级一	层级二	层级三
结构支撑材料	木材	木龙骨
	金属	轻钢龙骨
		型钢
	砖和砌块	烧结普通砖
		烧结多孔砖和多孔砌块
		烧结空心砖和空心砌块
		普通混凝土小型空心砌块
		蒸压加气混凝土砌块
	混凝土	普通混凝土
		钢筋混凝土
基层连接材料	石膏板	普通纸面石膏板
		耐水纸面石膏板
		耐火纸面石膏板
		耐火耐水纸面石膏板
	人造板	胶合板
		细木工板
		纤维板
		刨花板
	水泥板	普通水泥板
		纤维水泥板
		纤维水泥压力板
	玻镁板	玻镁板（普通、防火、保温）
饰面装饰材料	石材	天然石材
		人造石材

续表

层级一	层级二	层级三
饰面装饰材料	木材	实木型材
		防腐木
		木塑
		指接板
		木地板
		薄木贴面人造板
		软木
		竹材
		木丝板
	金属	钢材
		不锈钢
		铝及铝合金
		铜及铜合金
		金属网
	玻璃	平板玻璃
		安全玻璃
		装饰玻璃
		节能玻璃
	涂料	墙面涂料
		金属漆
		木器漆
		地坪涂料
		防水涂料
	陶瓷	砖
		瓦
		金砖
		陶瓷墙地砖
		陶瓷马赛克
		软瓷
		文化砖

续表

层级一	层级二	层级三
饰面装饰材料	装饰织物与皮革	墙纸
		墙布
		地毯
		布艺、皮革
		窗帘
	综合类	弹性地板
		吸音板
		软膜天花

第三节　装饰材料技术标准简介

技术标准是科研、生产、建设等活动以及商品流通中共同遵循的技术依据。装饰材料的生产和施工同样也要遵循特定的技术标准。按照《中华人民共和国标准化法（2017修订）》的规定，我国技术标准体系涵盖国家标准、行业标准、地方标准和团体标准、企业标准。国家标准又分为强制性标准、推荐性标准，行业标准、地方标准属于推荐性标准，强制性标准必须执行。国家鼓励采用推荐性标准。

一、强制性国家标准

强制性国家标准，代号 GB。例如，《建筑内部装修设计防火规范》（GB 50222-2017），其中"建筑内部装修设计防火规范"是标准名称，"GB"是标准代号，"50222"是标准编号，"2017"是年代号，即标准发布的时间。

二、推荐性国家标准

推荐性国家标准，代号 GB/T。例如，《浸渍胶膜纸饰面纤维板和刨花板》（GB/T 15102-2017），其中"浸渍胶膜纸饰面纤维板和刨花板"是标准名称，"GB/T"是标准代号，"15102"是标准编号，"2017"是年代号。

三、行业标准

行业标准，是针对全国某个行业范围内统一的技术要求所制定的标准，不同行业有不同的标准代号，如建材行业—JC、建筑工业行业—JG、建筑工程行业工程建设—JGJ、机械行业—JB、交通行业—JT。行业标准代号后加"/T"是指行业推荐标准。例如，《天然石材装饰工程技术规程》（JCG/T 60001-2007），其中"天然石材装饰工程技术规程"是标准名称，"JCG/T"是标准代号，"60001"是标准编号，"2007"是年代号。

四、地方标准

地方标准，代号 DB+省、自治区、直辖市行政区代码前两位（省、自治区、直辖市行政区代码见附录一）。标准代号后加"/T"是指地方推荐标准。例如，《建筑消防设施安装质量检验评定规程》（DB37/T 242-2014），其中"建筑消防设施安装质量检验评定规程"是标准名称，"DB37/T"是标准代号，指山东省地方推荐标准，"242"是标准编号，"2014"是年代号。

五、企业标准

企业标准，代号 Q。例如，《浸渍胶膜纸饰面人造板》（Q/TBB 0022-2017），其中"浸渍胶膜纸饰面人造板"是标准名称，"Q"是企业标准代号，"TBB"是企业代号，"0022"是标准编号，"2016"是年代号。

第四节　装饰材料与构造选用的基本原则

合理选择和使用装饰材料对创造美好环境至关重要。每种材料均有其优缺点，所以材料的选择与应用没有绝对的对错，关键在于合适与否。当今社会，科技发展日新月异，我们也要用发展的眼光来看待装饰材料及其构造方式，当前不合适的材料与构造不意味着未来亦是如此。同时，设计师要发挥主观能动性，积极与材料生产商和施工人员交流，表达对材料与构造的具体需求，并探索其新用途。在选择装饰材料与构造时，必须综合考虑环境基础条件、设计要求、工程预算等因素。

一、安全性

安全性是创造宜人环境的基础，是装饰材料与构造选择的红线，不能触犯。装饰材料与构造的选择要注意材料性能的稳定性，避免在使用过程中出现爆裂、破损等危害使用者安全的事故；要遵守消防安全规范，如选择合规燃烧性能等级的材料或做相应的阻燃处理；要关注材料的化学成分，选择符合国家相关标准的材料。材料中对身体有害的放射性元素，以及可挥发的甲醛、苯、二甲苯等有害物质，其含量都不能超过国家标准规定的限值。还要保证材料搭建的安全，避免在使用过程中出现倾倒、掉落等危及使用者安全的事故。

二、功能性

不同的环境对材料有不同的要求，如相较居住空间，商业、办公、餐饮、医疗等公共类空间的人流量大，对装饰材料的耐磨性、易清洁性的要求就较高；同一类型空间内的不同区域对装饰材料的需求也不一样，如居住空间中厨房、阳台、卫生间等家政区域的装饰材料应具有防水、防滑、易清洁的特性。因此，装饰材料与构造的选用要符合空间特质，满足其使用功能。

三、经济性

装饰工程的成本预算包括工程实施的前期投资与后期的管理、维护费用，是装饰工程顺利实施的保证。装饰工程的质优价廉是每位投资者的追求目标。设计师有责任在满足上述基本原则的基础上选用性价比高的装饰材料与构造方式，以此为投资者节省费用，并促进社会资源的节约。

第五节　装饰材料的发展趋势

一、装饰材料的品种、数量增多，可选择性更多

随着人们对装饰材料需求的不断增长以及科技水平的不断进步，装饰材料的品种、数量有了显著增长，这为设计师在追求特定装饰效果时提供了更广阔的选择空间，如墙纸可以模拟金属、清水混凝土、文化石等材料的外观，瓷砖可以模拟大理石、木地板、墙纸、地毯等材料的纹理或质感，金属板表面经过处理可以模拟木材、石材等材料的表面效果。

二、装饰材料向质量轻、强度高的方向发展

质量轻、强度高的装饰材料，因其施工方便、安全性高、经济性好，受到各方的青睐，得到了很好的发展，如铝蜂窝复合板比同等幅面的钢板、石板轻，比同等厚度实心铝板的平整度要好。

三、装饰材料向大规格方向发展

许多饰面装饰材料采用拼贴的施工工艺，如瓷砖、石材、墙布等。提高材料的幅面规格有助于减少接缝、提高整体性。以瓷砖为例，传统瓷砖较大的规格为 1000mm×1000mm，而现在瓷砖市场中出现了 600mm×1200mm、750mm×1500mm、900mm×1800mm

的大型瓷砖。据笔者了解，此类瓷砖的尺寸可以达到 1600mm×3200mm，且厚度与传统瓷砖相仿。

第六节 装饰材料与构造的学习目的和方法

材料是人类赖以生存和发展的物质基础。对于室内设计师来说，没有材料和构造知识的支撑，一切设计构思都只是空想，无法实现。装饰材料与构造课是环境设计专业室内设计方向中的核心课程。本书主要介绍常用的装饰材料及其属性与功能，引导学习者深入了解不同材料的特性、工艺、规格及其构造知识，培养兼具合理性与艺术性的选择装饰材料的能力，并能够将所学知识具体应用于实际设计，包括日益发展的新材料、新工艺。

装饰材料的种类繁多，而且新产品不断涌现，设计师不可能在短时间内了解众多材料的信息，为此要注重日常的积累，养成持续学习的习惯。

第一，学习渠道。身处信息时代，人们获取信息的渠道很多，除了传统的书籍，还有各种网络平台，如 B 站、微信公众号、抖音等，亦有相关的网络课程，这些线上的媒体平台更新快、内容覆盖范围广，是很好的学习渠道。不过需要注意的是，网络上的知识繁杂、质量参差不齐，还需进一步甄别。古人云："纸上得来终觉浅"，还需要将理论与实践相结合，多去施工现场、材料市场等实地考察，深化对装饰材料与构造的认知。

第二，学习对象。①材料生产商。材料生产商是材料的制造者，掌握着材料的成分、性能等核心知识，没有人比他们更了解自己的产品。生产商为了提升产品销量，通常很乐意与设计师分享产品信息。②优秀设计师。每一位优秀的设计师都是材料运用的高手，他们对材料有独特的认知和比较成熟的运用技巧，有些看似平淡无奇的材料在他们手里会变得极其富有表现力，所以要多关注优秀设计师的作品。③施工人员。装饰工程是由施工人员完成的，他们对材料及其构造和施工工艺有着深刻理解及直接经验，对材料的性能也有专业的评判，向他们学习，可以更好地掌握装饰材料和构造的知识。

第二章　装饰材料的基本性质

装饰材料的基本性质是其物质性的集中体现，在很大程度上决定了材料在装饰工程中担任的角色。装饰材料的基本性质包括物理性质、力学性质、耐久性、耐火性等。

第一节　材料的物理性质

一、与质量有关的性质

（一）密度

密度指材料在绝对密实状态下单位体积的质量，其计算公式为：

$$\rho = \frac{m}{v}$$

式中：ρ——密度（g/cm^3 或 kg/m^3）；

　　　m——材料在干燥状态下的质量（g 或 kg）；

　　　v——干燥材料在绝对密实状态下的体积（cm^3 或 m^3）。

绝对密实状态下的体积是指物质不含孔隙的体积。无孔隙材料可直接用排水体积法测定体积；有孔隙的材料，必须将其磨成细粉，经干燥后用排液置换法测定其体积。

（二）表观密度

表观密度是指材料在自然状态下单位体积的质量，其计算公式为：

$$\rho_o = \frac{m}{v_o}$$

式中：ρ_o——表观密度（g/cm³ 或 kg/m³）；

m——材料在自然状态下的质量（g 或 kg）；

v_o——材料在自然状态下的体积（cm³ 或 m³）。

自然状态下的体积是指物质含内部所有孔隙的体积。对于混凝土、砖、石等有孔隙的材料，若形状是规则的，可直接测量外部尺寸来求得体积；若形状是不规则的，可用排水体积法测定体积。表观密度常用来计算装饰材料的体积、质量。

材料的密度和材料的含水率密切相关，因此，测定材料表观密度时应注明其含水状态。若未加注明，则表示材料在气干状态下的表观密度。

（三）堆积密度

堆积密度是指散粒状、粉状材料在自然堆积状态下单位体积的质量，其计算公式为：

$$\rho'_o = \frac{m}{v'_o}$$

式中：ρ'_o——堆积密度（g/cm³ 或 kg/m³）；

m——材料的质量（g 或 kg）；

V'_o——材料的堆积体积（cm³ 或 m³）。

材料的堆积体积包括颗粒体积，以及颗粒内部、表面的孔隙及颗粒之间的空隙。

材料的堆积密度和材料的含水率也有关系，因此，测定材料表观密度时应注明其含水状态。

几种常用材料的密度、表观密度、堆积密度见表2-1-1。

表 2-1-1　　　　**几种常用材料的密度、表观密度、堆积密度**

材料	密度（g/cm³）	表观密度（kg/m³）	堆积密度（kg/m³）
花岗岩	2.6~2.9	2500~2800	—
普通烧结砖	2.5~2.7	1500~1800	—
混凝土用砂	2.5~2.6	—	1450~1650

材料	密度（g/cm³）	表观密度（kg/m³）	堆积密度（kg/m³）
普通混凝土	—	2100～2600	—
钢材	7.85	7850	—
泡沫塑料	—	20～50	—

（四）密实度和孔隙率

密实度是指材料内固体物质部分的体积占总体积的比例，其计算公式为：

$$D = \frac{V}{V_o} \times 100\%$$

式中：D——密实度；

V——干燥材料在绝对密实状态下的体积（cm³ 或 m³）；

V_o——材料在自然状态下的体积（cm³ 或 m³）。

密实度表示材料在自然状态下体积内被固体物质所填充的程度，体现了材料的致密程度。

孔隙率是指材料的孔隙体积占总体积的比例，其计算公式为：

$$P = \frac{V_o - V}{V_o} \times 100\%$$

孔隙率反映了材料内部孔隙的多少，与密实度相比，它从不同角度体现了材料的致密程度。孔隙率与密实度的关系表现为 $D + P = 1$。孔隙率对材料的性质有很大影响，一般情况下，孔隙率越大，则材料的表观密度、堆积密度和强度越小，耐磨性、耐久性越差，而保温性、隔声性和吸水性越强。

一般花岗岩的孔隙率为 0.5%～3%，普通烧结砖的孔隙率为 10%～15%，普通混凝土的孔隙率为 5%～10%，泡沫塑料的孔隙率为 70%～99%。

二、与水有关的性质

（一）亲水性与憎水性

亲水性是指材料暴露在空气中时，水分子可以在材料表面铺开，材料表面能被水润湿甚至通过毛细作用吸入其内部。具有亲水性的材料就称为亲水性材料。若水分子不能在材料表面铺开，材料表面不能被水润湿，也不能被渗入则表现为憎水性。具有憎水性的材料就称为憎水性材料。

在装饰工程中，大多数材料为亲水性材料，如砖、砌块、混凝土、木材等。一些有机高分子材料，如塑料、石蜡、沥青等属于憎水性材料，这些憎水性材料不易被润湿，可以作为防水、防潮材料，也可以覆盖于亲水性材料的表面，以提高其耐水性。

（二）吸水性

吸水性是指材料浸泡在水中能吸收水分的性质，一般用质量吸水率表示，其计算公式为：

$$W = \frac{m_1 - m}{m} \times 100\%$$

式中：W——质量吸水率；

m_1——材料在吸水饱和状态下的质量（kg）；

m——材料在干燥状态下的质量（kg）。

材料的亲水性、憎水性会影响其吸水性，同时，吸水性还与材料的孔隙率及孔隙特征有关。封闭的孔隙，水无法进入；粗大的开口孔隙，水无法存留；一般情况下，亲水性强、毛细作用显著且连通孔隙多的材料吸水率较强。不同材料的吸水率差异很大。例如，花岗岩的吸水率为 0.5%~0.7%，黏土砖的吸水率为 8%~20%，普通混凝土的吸水率为 2%~4%，木材的吸水率可超过 100%。

三、与热有关的性质

（一）导热性

当材料两侧存在温差时，热量会从温度高的部分传导至温度低的部分，这种传导热量的能力称为材料的导热性，一般用导热系数表示，其计算公式为：

$$\lambda = \frac{Qd}{(T_1 - T_2)At}$$

式中：λ——导热系数（W/（m·K））；

Q——传导的热量（J）；

d——材料的厚度（m）；

$T_1 - T_2$——材料两侧的温差（K）；

A——材料的传热面积（m^2）；

t——传热时间（s）。

导热系数是指单位厚度的材料，其两侧表面的温差为 1K 时，在单位时间内通过单位面积的热量。一般来说，金属材料、无机材料、晶体材料的导热系数分别大于非金属材料、有机材料、非晶体材料的导热系数；孔隙率较大的材料导热系数较小；材料受潮后，导热系数会增加。

保温与隔热是建筑材料追求的优良性能。在建筑工程领域，将单位面积上保温材料能阻止热量传递的能力称为热阻，用 R 来表示。导热系数、热阻都是衡量建筑材料保温与隔热性能的重要指标。材料的导热系数越小，热阻越大，其保温与隔热性能越好。不同材料的导热系数差别很大，常见建筑材料的导热系数一般在 $0.035 \sim 3.5$ W／（m·K）之间。在工程实践中，常把常温时导热系数不大于 0.175 W／（m·K）的材料称为绝热材料。

（二）燃烧性能

燃烧性能是指材料在高温或遇火时抵抗燃烧的特性。根据《建筑内部装修设计防火规范》（GB 50222-2017）的相关内容，装修材料按其燃烧性能应划分为四级：A 等级——不燃性材料，B_1 等级——难燃性材料，B_2 等级——可燃性材料，B_3 等级——易燃性材料。装修材料的燃烧等级应按现行国家标准《建筑材料及制品燃烧性能分级》（GB8624-2012）的有关规定来检测。常用装修材料的燃烧性能等级划分举例见表 2-1-2。

表 2-1-2　　　　　　常用装修材料的燃烧性能等级划分举例

级别	材料举例
A	天然石材、水磨石、水泥制品、混凝土制品、石膏板、石灰制品、黏土制品、玻璃、钢铁、铝、铜合金、玻镁板、硅酸钙板等
B_1	纸面石膏板、纤维石膏板、水泥刨花板、矿棉板、玻璃棉装饰吸声板、珍珠岩装饰吸声板、难燃胶合板、难燃木材、铝箔复合材料、难燃酚醛胶合板、铝箔玻璃钢复合材料、难燃中密度纤维板、防火塑料装饰板、难燃双面刨花板、多彩涂料、难燃墙纸、难燃墙布、难燃仿花岗岩装饰板、氯氧镁水泥装配式墙板、难燃玻璃钢平板、PVC 塑料护墙板、轻质高强复合墙板、阻燃模压木质复合板材、彩色阻燃人造板、难燃玻璃钢；硬 PVC 塑料地板、水泥刨花板、水泥木丝板、氯丁橡胶地板、难燃羊毛地毯、经阻燃处理的各类难燃织物；难燃聚氯乙烯塑料、难燃酚醛塑料、聚四氟乙烯塑料、难燃脲醛塑料、硅树脂塑料装饰型材、经阻燃处理的各类织物等
B_2	各类天然木材、木质人造板、竹材、纸制装饰板、装饰微薄木贴面板、印刷木纹人造板、塑料贴面装饰板、聚酯装饰板、复塑装饰板、塑纤板、胶合板、塑料壁纸、无纺贴墙布、墙布、复合壁纸、天然材料壁纸、人造革、实木装饰、胶合竹夹板、半硬质 PVC 塑料地板、PVC 卷材地板；纯毛装饰布、经阻燃处理的其他织物；经阻燃处理的聚乙烯、聚丙烯、聚氨酯、聚苯乙烯、玻璃钢、化纤织物、木制品等

（注：根据《建筑内部装修设计防火规范》（GB 50222-2017）中相关内容整理。）

为了防止火灾危害，保护人身财产安全，根据《建筑内部装修设计防火规范》（GB 50222-2017）的要求，不同类型建筑内部的不同部位应选择相应燃烧性能等级的装饰材料（见表 2-1-3）。

表 2-1-3　　单层、多层民用建筑内部各部位装修材料的燃烧性能等级举例

建筑物及场所	建筑规模、性质	装修材料燃烧性能等级							
		顶棚	墙面	地面	隔断	固定家具	装饰织物		其他装修装饰材料
							窗帘	帷幕	
观众厅、会议厅、多功能厅、等候厅等	每个厅建筑面积>400m²	A	A	B_1	B_1	B_1	B_1	B_1	B_1
	每个厅建筑面积≤400m²	A	B_1	B_1	B_1	B_2	B_1	B_1	B_2
纪念馆、展览馆、博物馆、图书馆、档案馆、资料馆等公众活动场所	—	A	B_1	B_1	B_1	B_2	B_1	—	B_2
餐饮场所	营业面积>100m²	A	B_1	B_1	B_1	B_2	B_1	—	B_2
	营业面积≤100m²	B_1	B_1	B_1	B_2	B_2	B_2	—	B_2
办公场所	设置送回风道（管）的集中空气调节系统	A	B_1	B_1	B_1	B_2	B_2	—	B_2
	其他	B_1	B_1	B_2	B_2	B_2	—	—	—
住宅	—	B_1	B_1	B_1	B_1	B_2	B_2	—	B_2

（注：摘选自《建筑内部装修设计防火规范》（GB 50222-2017）。）

第二节　材料的力学性质

建筑材料的力学性质是指材料及其制品在外力作用下的抵抗破坏和变形的能力，它关系到材料能否正常、安全的使用，是选择材料时必须考虑的基本属性。

一、强度和比强度

（一）强度

强度是指材料在外力作用下抵抗断裂和过度变形的能力。材料承受外力作用时，内部产生应力，外力增加，应力会相应变大。随着外力增加至一定程度，材料内部质点间的结合力不足以抵抗外力时，材料即被破坏，此时的应力值就代表材料的强度。根据外力作用方式不同（见图2-2-1），材料的强度可分为抗压强度、抗拉强度、抗剪强度和抗

弯强度。

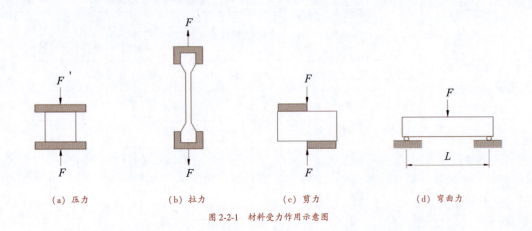

(a) 压力　　　　　(b) 拉力　　　　　(c) 剪力　　　　　(d) 弯曲力

图 2-2-1　材料受力作用示意图

1. 抗压、抗拉、抗剪强度

当材料受压力、拉力、剪力作用，直到被破坏时，单位面积上承受的压力、拉力、剪力称为抗压、抗拉、抗剪强度。其计算公式为：

$$f = \frac{F}{A}$$

式中：f——材料的抗压、抗拉、抗剪强度（MPa）；

　　　F——材料被外力破坏时的最大荷载（N）；

　　　A——材料的受力面积（mm^2）。

2. 抗弯强度

材料的抗弯强度与材料的受力情况、截面形状和支撑条件有关。在此以矩形截面条形的试件为例，其两端支撑，中间集中荷载，计算公式为：

$$f = \frac{3Fl}{2\,b \times h \times h}$$

式中：f——材料的抗弯强度（MPa）；

　　　F——材料被外力破坏时的最大荷载（N）；

　　　l——支撑点间的跨距（mm）；

　　　b，h——材料横截面的宽度和高度（mm）。

一方面，不同种类的材料具有不同的力学性质，如砖、石材、混凝土、铸铁等材料的抗压强度较高，但抗拉和抗弯强度较低，而钢材的抗拉和抗压强度都较高。另一方面，同种材料由于内部构造的差异，其抵抗不同方向的外力时的强度也不同，如木材顺纹方向的抗拉强度高于横纹方向的抗拉强度。常见装饰材料的强度见表 2-2-1。

表 2-2-1　　　　　　　　常见装饰材料的强度（单位：MPa）

材料	抗压强度	抗拉强度	抗弯强度
普通黏土砖	5~20	—	1.6~4.0
普通混凝土	5~60	1~9	—
花岗岩	100~250	5~8	10~14
松木（顺纹）	30~50	80~120	60~100
建筑钢材	240~1500	240~1500	—

（二）比强度

比强度是材料的抗拉强度与材料表观密度的比值，它是衡量材料轻质与高强度性能的指标，比强度高表明达到相应强度所用的材料质量轻。优质的结构材料应具有较高的比强度，一方面能以较小的截面满足强度要求，另一方面可以大幅度减轻结构的自重。常见装饰材料的比强度见表 2-2-2。

表 2-2-2　　　　　　　　常见装饰材料的比强度

材料	表观密度（kg/m³）	轴心抗拉强度（MPa）	比强度（$f/\rho o$）
低碳钢	7850	415	0.053
普通混凝土	2400	40	0.017
松木	500	40	0.08
普通烧结砖	1700	10	0.006

二、弹性和塑性

弹性是指材料在外力作用下发生形变，当外力撤除后能够恢复原来大小和形状的性质。这种外力撤除后可以完全恢复的形变称为弹性形变。材料的形变与施加外力之间成正比。

塑性是指材料在外力作用下发生形变，当外力撤除后能够保持形变后的尺寸和形状，且不会产生裂纹的性质。这种不能恢复的形变称为塑性形变。

实际上，绝对的纯弹性和纯塑性的材料是不存在的。有的材料受力后先产生弹性形变后产生塑性形变，如建筑钢材。有的材料受力后弹性形变和塑性形变同时发生，如混凝土。

三、脆性和韧性

脆性是指材料在外力作用下没有出现明显形变即突然发生破坏的性质。脆性材料的形变能力低，其抗压强度通常远高于抗拉强度。烧结砖、石材、陶瓷、玻璃、混凝土、铸铁等都属于脆性材料。

韧性是指材料遭受冲击、震动等外力作用时，能够承受较大的形变而不被破坏的性质。建筑钢材、木材等都属于韧性材料。

四、硬度和耐磨性

硬度是指材料抵抗较硬物体刻划或压入其表面的能力，是衡量材料表面软硬程度的指标，反映出材料的加工难易程度。通常使用刻划法、压入法和回弹法来测量材料的硬度。硬度的表示方法包括布氏硬度、洛氏硬度、维氏硬度、肖氏硬度、莫氏硬度等。

耐磨性是指材料表面抵抗磨损的能力，磨损率计算公式为：

$$N = \frac{m_1 - m_2}{A}$$

式中：N——材料的磨损率（g/cm^2）；

m_1-m_2——材料磨损前后的质量（g）；

A——材料的受磨损面积（cm^2）。

材料的耐磨性与其自身的硬度、强度和结构有关。在室内环境，如地面、台阶、台面等处，应选用硬度和耐磨性较好的材料。

第三章　结构支撑材料

室内装饰工程的结构支撑材料是指用于支撑基层的结构性材料，广泛应用于吊顶、隔墙、棚架及家具的固定、支撑、承重。常用的结构支撑材料包括木龙骨、轻钢龙骨、型钢、砖\砌块、钢筋混凝土等。

第一节　木　龙　骨

木龙骨是室内装饰工程中常见的木质结构支撑材料。它是由木材经过加工后形成的截面为方形或长方形的条状材料，俗称木方（见图3-1-1）。

木龙骨常用于制作隔墙、吊顶的支撑结构。其所用木材多选择质量较轻、材色和纹理不甚显著，含水率小、不劈裂、不易变形的树种，如松木、杉木、椴木等。

木龙骨规格多样，且可根据不同的需求来订制。其断面尺寸为40mm×60mm、50mm×80mm、70mm×90mm等，长度常见尺寸为2m~4m。在装饰工程中，大多使用木龙骨的断面尺寸作为其规格，如30mm×40mm的木龙骨。此外，木龙骨还需根据设计要求

图 3-1-1 木龙骨

进行三防处理，即防火、防潮、防虫。木龙骨骨架具有质量轻、成本低、加工和安装方便等优点，其缺点为耐火性、耐水性、稳定性差等。

一、木龙骨隔墙骨架

在装饰工程中，木龙骨隔墙一般为轻质非承重隔墙，此种隔墙由木龙骨骨架、基层板和饰面材料组成。

此种隔墙的木龙骨骨架可分为独立式和随墙式。

（一）独立式木龙骨骨架

独立式木龙骨骨架常用于分隔空间的独立隔墙，主要分为大木方结构、小木方单层结构和小木方双层结构。

大木方结构常用于高宽尺度较大的木龙骨隔墙。此结构通常用 50mm×80mm 或 50mm×100mm 的木龙骨制作骨架，木龙骨的间距，即木龙骨中心线之间的距离，约为 600mm×600mm（见图 3-1-2、图 3-1-3）。

小木方单层结构常用于高宽尺度较小的隔墙或普通半高隔断。相较单层结构，小木方双层结构可以用于高宽尺度较大的隔墙，墙的厚度也有更多的调节空间，同时方便内部走线。小木方结构常选用 25mm×30mm、30mm×40mm 带凹槽木龙骨，拼装骨架的间距通常为 300mm×300mm 或 400mm×400mm（见图 3-1-4）。

（二）随墙式木龙骨骨架

随墙式木龙骨骨架依附于钢筋混凝土、砖、砌块等墙体，起到找平和连接基层材料的作用。此结构常用 25mm×30mm、30mm×40mm 带凹槽木龙骨，拼装骨架的间距通常为 300mm×300mm 或 400mm×400mm（见图 3-1-5）。

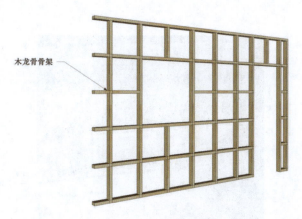

木龙骨骨架

图 3-1-2 大木方隔墙骨架三维图

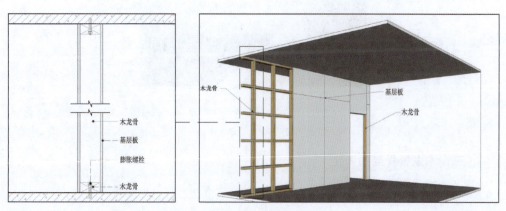

木龙骨
基层板
膨胀螺栓
木龙骨

木龙骨
基层板
木龙骨

图 3-1-3 大木方隔墙构造图

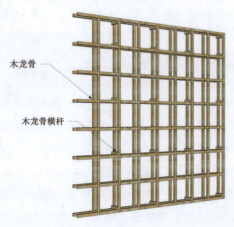

木龙骨

木龙骨横杆

图 3-1-4 小木方隔墙骨架三维图

图 3-1-5 小木方随墙式木龙骨隔墙

（三）木龙骨骨架的固定

木龙骨骨架在墙面、地面、顶面基层上常采用木楔圆钉、膨胀螺栓固定。

1. 木楔圆钉固定

用 16mm~20mm 的冲击钻头在基层钻孔，钻孔的孔距为 600mm 左右，钻孔深度在 60mm 左右。在孔洞中钉入木楔，如在潮湿的地区或墙面易受潮的部位，木楔可刷桐油进行防潮处理，待干燥后再钉入孔内。木龙骨骨架与基层之间若有空隙，应先用木垫将空隙垫实，再用圆钉将骨架与木楔钉牢固 。

2. 膨胀螺栓固定

使用膨胀螺栓时，基层和木龙骨上都需钻孔，其直径应略大于膨胀螺栓的直径，基层钻孔深度与膨胀螺栓的型号（如 M6、M8）相符合，螺栓穿过木龙骨骨架插入基层钻孔中（见图 3-1-6）。

膨胀螺栓是装饰工程中常用的、非常牢固的特殊螺纹连接件。它主要由螺栓、螺母、套管组成，螺栓底部呈倒锥形，套管套在螺栓外，靠近螺栓底部处有若干切口。把膨胀螺栓塞进钻好的孔洞里，然后拧螺母，螺母会把螺栓往外拉，使螺栓底部呈倒锥形被拉入套管内，套管被胀开而塞满整个孔洞，这样螺栓就可以紧紧固定在基材上。膨胀螺栓一般用于混凝土、砖等比较坚硬的材料。M6 型号的膨胀螺栓代表其螺栓的直径是

6mm（见图 3-1-7）。

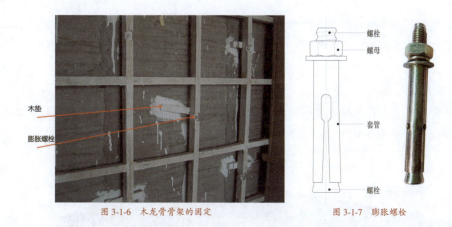

图 3-1-6　木龙骨骨架的固定　　　　图 3-1-7　膨胀螺栓

二、木龙骨吊顶骨架

木龙骨吊顶由木龙骨骨架、基层板和饰面材料组成。它与木龙骨隔墙具有相似的特性。

（一）木龙骨骨架

木龙骨骨架常用 25mm×30mm、30mm×40mm、40mm×40mm 带凹槽木龙骨。木龙骨以凹槽对凹槽咬口拼接，拼口处涂胶并用圆钉固定。拼装骨架的中距通常是 300mm×300mm、400mm×400mm（见图 3-1-8）

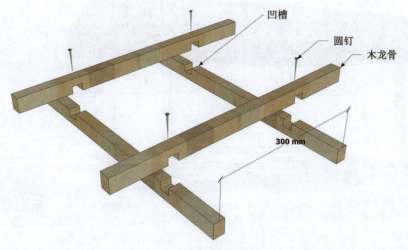

图 3-1-8　木龙骨利用槽口拼接三维图

（二）骨架固定

制作好的木龙骨骨架需要用吊杆连接到吊点，连接方式可以选用以下三种：

①使用木龙骨制作吊杆和吊点（见图 3-1-9）。

②使用角钢制作吊杆和吊点，二者以焊接或螺栓连接。吊杆与骨架用木螺钉连接（见图 3-1-10）。

③使用扁铁制作吊杆，角钢制作吊点，二者使用 M6 型号螺栓连接。吊杆用木螺钉与骨架连接（见图 3-1-11）。

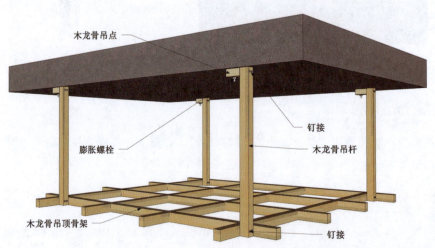

图 3-1-9　吊顶龙骨架固定方式三维图 1（用木龙骨固定）

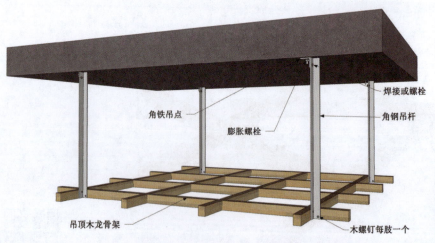

图 3-1-10　吊顶龙骨架固定方式三维图 2（用角铁固定）

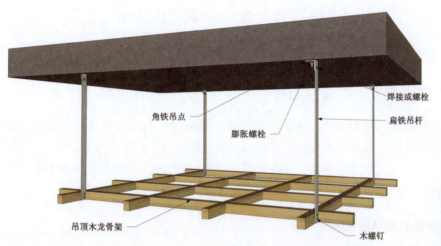

角铁吊点

膨胀螺栓

焊接或螺栓

扁铁吊杆

吊顶木龙骨架

木螺钉

图 3-1-11 吊顶木龙骨架固定方式三维图 3（用扁铁固定）

（三）跌级吊顶的连接

跌级吊顶是将不同高度的龙骨骨架进行组合连接，通常做法是用竖向的木方将上下两层的龙骨骨架固定连接，局部也可直接采用细木工板来连接（见图 3-1-12）。

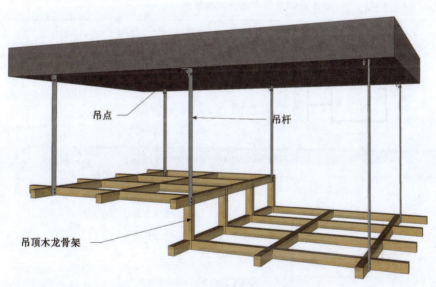

吊点

吊杆

吊顶木龙骨架

图 3-1-12 吊顶木龙骨架跌级构造三维图

第二节　金　属

装饰工程中常用的金属结构支撑材料主要是轻钢龙骨和型钢。

一、轻钢龙骨

建筑用轻钢龙骨（简称龙骨）是以连续热镀锌钢板（带）为基材的彩色涂层钢板（带）作原料，采用冷弯工艺生产的薄壁型钢。相较木龙骨，轻钢龙骨的防火、防潮、防虫性能更好，强度、牢固性更高，是一种被广泛使用的结构支撑材料，常用于制作隔墙、吊顶的支撑结构。

（一）轻钢龙骨隔墙骨架

装饰工程中的轻钢龙骨隔墙一般为轻质非承重隔墙，由轻钢龙骨骨架、基层板和饰面材料组成。轻钢龙骨骨架具有自重轻、强度高、防腐性能好等优点。

1. 墙体龙骨产品分类及规格

用于隔墙的轻钢龙骨有很多种，按龙骨断面的形状可分为 U 型、C 型、CH 型等，其规格见表 3-2-1。

表 3-2-1　　　　　　　　　　墙体轻钢龙骨产品分类及规格

类别	品种	断面形状	规格	备注
墙体龙骨 Q	CH 型龙骨 竖龙骨		$A \times B_1 \times B_2 \times t$ 75（73.5）$\times B_1 \times B_2 \times 0.8$ 100（98.5）$\times B_1 \times B_2 \times 0.8$ 150（148.5）$\times B_1 \times B_2 \times 0.8$ $B_1 \geqslant 35$，$B_2 \geqslant 35$	t 为壁厚； 单位为 mm； 当 $B_1 = B_2$ 时，规格为 $A \times B \times t$。
	C 型龙骨 竖龙骨		$A \times B_1 \times B_2 \times t$ 50（48.5）$\times B_1 \times B_2 \times 0.6$ 75（73.5）$\times B_1 \times B_2 \times 0.6$ 100（98.5）$\times B_1 \times B_2 \times 0.7$ 150（148.5）$\times B_1 \times B_2 \times 0.7$ $B_1 \geqslant 45$，$B_2 \geqslant 45$	

续表

类别	品种	断面形状	规格	备注
墙体龙骨 Q	U型龙骨 横龙骨		$A×B×t$ 52（50）$×B×0.6$ 77（75）$×B×0.6$ 102（100）$×B×0.7$ 152（150）$×B×0.7$ $B≥35$	t 为壁厚； 单位为 mm； 当 $B_1=B_2$ 时，规格 为 $A×B×t$
	通贯龙骨		$A×B×t$ $38×12×1.0$	

（注：根据《建筑用轻钢龙骨》（GB/T11981-2008）中相关内容整理。）

在装饰工程中常用 QC 轻钢龙骨体系制作非承重隔墙的骨架，包括 QC50、QC75、QC100、QC150 四种规格，其主要产品及常见规格见表 3-2-2。

表 3-2-2　　　　　　　　　　**QC 轻钢龙骨体系主配件规格**

类型	类别	名称	龙骨品种	断面形状	规格	用途	备注
QC50	主件	横龙骨	U 型		52（50）× 40 × 0.8（0.6）	用于竖龙骨与原建顶面、地面的连接；用于制作洞口边框架	$A×B×t$； t 为壁厚； 单位为 mm
		竖龙骨	C 型		50 × 45（50）× 0.8（0.6）	墙体的主要受力构件	
		通贯龙骨	U 型		20×12×1.2（1.0）	竖龙骨之间的通贯连接件	

类型	类别	名称	龙骨品种	断面形状	规格	用途	备注
QC 50	配件	支撑卡			$t=0.8$	辅助支撑竖龙骨开口面;竖龙骨与通贯龙骨的连接配件	与主件配套使用
QC 75	主件	横龙骨	U 型		77(75)×40×0.8(0.6)	用于竖龙骨与原建顶面、地面的连接;用于制作洞口边框架	
		竖龙骨	C 型		75×45(50)×0.8(0.6)	墙体的主要受力构件	$A×B×t$;t 为壁厚;单位为 mm
		通贯龙骨	U 型		38×12×1.2(1.0)	竖龙骨之间的通贯连接件	
	配件	支撑卡			$t=0.8$	辅助支撑竖龙骨开口面;竖龙骨与通贯龙骨的连接配件	与主件配套使用

续表

类型	类别	名称	龙骨品种	断面形状	规格	用途	备注
QC 100	主件	横龙骨	U 型		102(100)×40×0.8	用于竖龙骨与原建顶面、地面的连接；用于制作洞口边框架	$A×B×t$；t 为壁厚；单位为 mm
		竖龙骨	C 型		100×45(50)×0.8	墙体的主要受力构件	
		通贯龙骨	U 型		38×12×1.2(1.0)	竖龙骨之间的通贯连接件	
	配件	支撑卡			$t=0.8$	辅助支撑竖龙骨开口面；竖龙骨与通贯龙骨的连接配件	与主件配套使用
QC 150	主件	横龙骨	U 型		152(150)×40×0.8	用于竖龙骨与原建顶面、地面的连接；用于制作洞口边框架	$A×B×t$；t 为壁厚；单位为 mm
		竖龙骨	C 型		150×45(50)×0.8	墙体的主要受力构件	
		通贯龙骨	U 型		38×12×1.2(1.0)	竖龙骨之间的通贯连接件	

续表

类型	类别	名称	龙骨品种	断面形状	规格	用途	备注
QC 150	配件	支撑卡			$t = 0.8$	辅助支撑竖龙骨开口面；竖龙骨与通贯龙骨的连接配件	与主件配套使用

2. QC 轻钢龙骨隔墙骨架施工工艺与构造

①放线。根据设计要求放线，确定隔墙所在位置。

②固定沿地、沿顶龙骨。在设定位置用射钉或膨胀螺栓固定龙骨，固定点间距不大于 600mm，端头固定点不大于 50mm。在固定龙骨之前，应在龙骨上粘贴橡胶条或沥青泡沫塑料条，作为龙骨与基层之间的垫条（见图 3-2-1）。对于厨房、卫生间等有防水需求的空间，龙骨骨架底部要做混凝土带（地梁），高度为 150mm 左右。

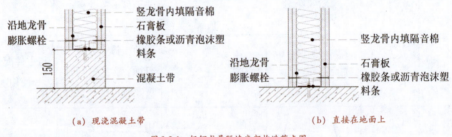

(a) 现浇混凝土带　　　　　　　　　　(b) 直接在地面上

图 3-2-1　轻钢龙骨隔墙底部构造节点图

③安装竖向龙骨。竖向龙骨中距应符合设计要求，通常按基层板幅面宽来确定，如 600mm、400mm、300mm。竖向龙骨与沿地、沿顶龙骨采用抽芯铆钉或自攻螺丝固定。

（4）安装通贯龙骨。对于通贯横撑龙骨的选用，低于 3m 的隔墙宜安装 1 道，3～5m 的隔墙宜安装 2 道，5 米以上的隔墙宜安装 3 道。通贯龙骨横穿各竖向龙骨上的贯通冲孔，使用支撑卡与竖向龙骨连接（见图 3-2-2）。

3. 随墙式轻钢龙骨骨架施工工艺与构造

随墙式轻钢龙骨骨架能找平和连接基层材料，主要分为支撑卡和卡式轻钢龙骨骨架。

（1）支撑卡式轻钢龙骨骨架

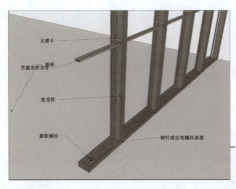
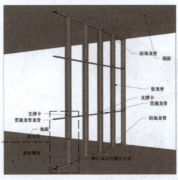

图 3-2-2　轻钢龙骨隔墙骨架构造三维图

它是用膨胀螺栓将 U 形支撑卡直接固定在顶面基层上，然后将覆面龙骨钉在支撑卡上而形成的（见图 3-2-3）。一般情况下，支撑卡间距 600mm，覆面龙骨间距 300mm 或 400mm，常用 U50、U60 龙骨。此种骨架施工简便，总厚度可在 35mm～130mm 之间，且承重量最小（见图 3-2-4）。

图 3-2-3　支撑卡

（2）卡式轻钢龙骨骨架

此骨架的结构与 UC 龙骨骨架相似，使用卡式龙骨作为承载龙骨，替代 UC 龙骨骨架中的吊件和承载龙骨，直接将覆面龙骨卡在卡式龙骨卡槽中（见图 3-2-5）。此种骨架施工较 UC 骨架简便，总厚度最小可达 70mm，承重量比支撑卡式骨架要大，使用非常广泛（见图 3-2-6）。

（二）轻钢龙骨吊顶骨架

轻钢龙骨吊顶骨架不仅工艺成熟、施工便利，还具有自重轻、强度高、防腐与防火能力强等优点，是装饰工程中常用的吊顶骨架。

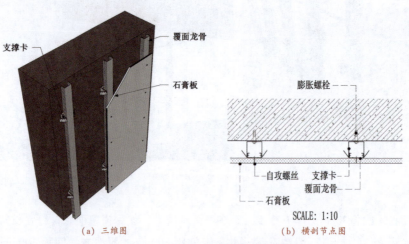

（a）三维图   （b）横剖节点图

图 3-2-4 支撑卡式轻钢龙骨骨架

图 3-2-5 卡式龙骨和覆面龙骨

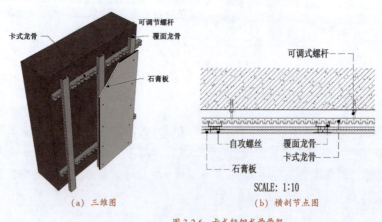

（a）三维图   （b）横剖节点图

图 3-2-6 卡式轻钢龙骨骨架

1. 吊顶龙骨产品分类及规格

用于吊顶的轻钢龙骨有很多类型，按龙骨断面的形状可分为 U 型、C 型、T 型、H

型、V 型、L 型等，其规格见表 3-2-3。

表 3-2-3　　　　　　　　　　　**吊顶轻钢龙骨产品分类及规格**

类别	品种		断面形状	规格	备注
吊顶龙骨 D	U 型龙骨	承载龙骨		$A×B×t$ 38×12×1.0 50×15×1.2 60×B×1.2	
	C 型龙骨	承载龙骨		$A×B×t$ 38×12×1.0 50×15×1.2 60×B×1.2	t 为壁厚； 单位为 mm； $B=24\sim30$。
		覆面龙骨		$A×B×t$ 50×19×0.5 60×27×0.6	
	T 型龙骨	主龙骨		$A×B×t_1×t_2$ 24×38×0.27×0.27 24×32×0.27×0.27 14×32×0.27×0.27	1. 中型承载龙骨 $B≥38$， 轻型承载龙骨 $B<38$； 2. 龙骨由一整片钢板 （带）成型时，规格为 $A×B×t$。
		次龙骨		$A×B×t_1×t_2$ 24×28×0.27×0.27 24×25×0.27×0.27 14×25×0.27×0.27	
	H 型龙骨			$A×B×t$ 20×20×0.3	
	V 型龙骨	承载龙骨		$A×B×t$ 20×37×0.8	造型用龙骨规格：20×20 ×1.0
		覆面龙骨		$A×B×t$ 49×19×0.5	

续表

类别	品种	断面形状	规格	备注
吊顶龙骨 D	L型龙骨 承载龙骨		$A{\times}B{\times}t$ $20{\times}43{\times}0.8$	
	收边龙骨		$A{\times}B_1{\times}B_2{\times}t$ $A{\times}B_1{\times}B_2{\times}0.4$ $A{\geqslant}20$，$B_1{\geqslant}25$，$B_2{\geqslant}20$	
	边龙骨		$A{\times}B{\times}t$ $A{\times}B{\times}0.4$ $A{\geqslant}14$，$B{\geqslant}20$	

（注：根据《建筑用轻钢龙骨》（GB/T11981-2008）中相关内容整理。）

上述这些轻钢龙骨主件连同一些配件可组合成吊顶骨架，广泛用于不同的装饰工程（见图3-2-7至图 3-2-9）。

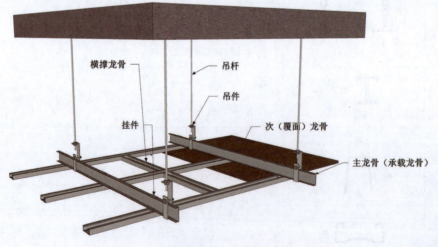

图 3-2-7　UC 型轻钢龙骨吊顶三维图

在装饰工程中，常用 UC 轻钢龙骨体系制作吊顶的骨架，此体系主件使用 U 型龙骨作为承载龙骨（主龙骨）、C 型龙骨作为覆面龙骨（次龙骨），通过相配套的配件构成完整的结构（见图 3-2-7）。其主要配件及常见规格见表 3-2-4。

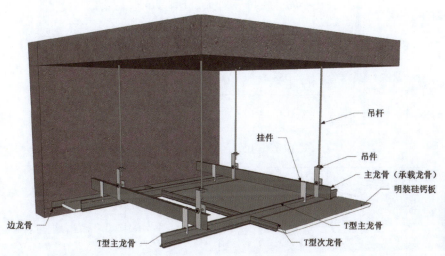

吊杆

挂件

吊件

主龙骨（承载龙骨）

明装硅钙板

边龙骨

T型主龙骨

T型主龙骨

T型次龙骨

图 3-2-8　T 型轻钢龙骨吊顶三维图

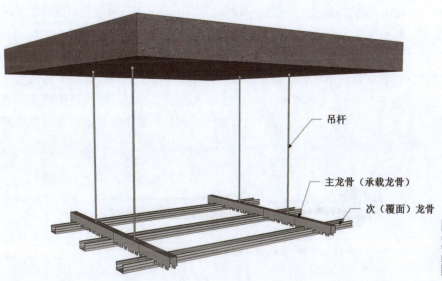

吊杆

主龙骨（承载龙骨）

次（覆面）龙骨

图 3-2-9　V 型卡式轻钢龙骨吊顶三维图

表 3-2-4 **UC 轻钢龙骨吊顶配件**

类型	名称	简图	规格	用途	备注
UC 龙骨吊顶配件	吊杆（全丝螺杆）		Φ6、8、10 等	上部固定于顶面，下部与吊件连接	单位为 mm
	吊件		D38 $A=85$	连接吊杆和主龙骨	
			D50 $A=105$		
			D60 $A=120$		
	挂件			主次龙骨之间的连接件	

2. UC 轻钢龙骨骨架施工工艺与构造

①放线。放线是指按照设计要求确定吊顶的标高、主副龙骨的分隔线以及确定吊杆吊点的位置。一般情况下，吊点的间距≤1200mm，承载龙骨间距为 900mm～1200mm，覆面龙骨间距多为 300mm、400mm。

②固定吊杆。在确定好吊点位置钻孔，使用膨胀螺栓固定吊杆。现在多使用与全丝螺杆配套的组合膨胀螺栓（见图 3-2-10），主要由螺母、套管、倒锥形帽组成。螺栓与吊杆形成一个整体，施工非常方便，但需要注意的是，要根据吊顶的标高确定其长度。

图 3-2-10 吊杆膨胀螺栓套件

当吊杆长度超过 1500mm 时，需要设置反支撑构件，反支撑构件常用 50mm×50mm 的镀锌角钢（见图 3-2-11）。

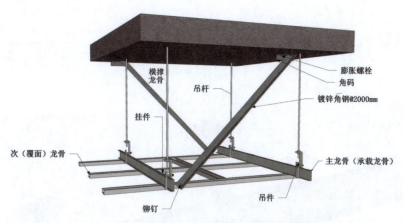

图 3-2-11 反支撑轻钢龙骨吊顶三维图

③吊杆与承载龙骨连接。将吊杆与承载龙骨用吊件连接。用螺母将吊杆与吊件上部连接，承载龙骨穿过吊件，吊件中部用螺栓紧固，这样可让吊件套牢龙骨。

④承载、覆面龙骨连接。承载、覆面龙骨连接应使用相配套的龙骨挂件。挂件的上部呈爪状搭在承载龙骨上，可用钳子将其卡在龙骨上，下部两侧呈钩状挂住覆面龙骨（见图 3-2-12）。

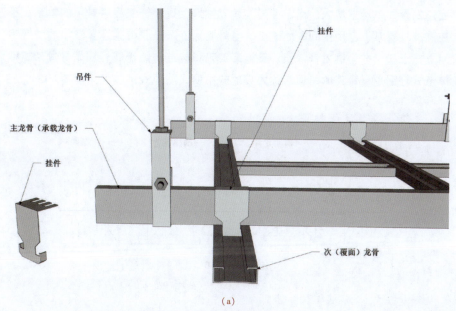

(a)

图 3-2-12 轻钢龙骨吊顶挂件三维图 (1)

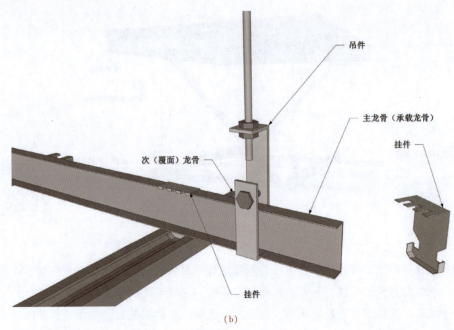

（b）

图 3-2-12　轻钢龙骨吊顶挂件三维图（2）

3. 支撑卡和卡式轻钢龙骨骨架施工工艺与构造

上述龙骨体系承重量大、稳定性强、适应性好，是装饰工程中常用的体系，不过它也存在施工较复杂、占用空间多的缺点。当需要保证层高且骨架承重量小的情况下，可以选用支撑卡和卡式轻钢龙骨骨架。其施工工艺和构造与随墙式轻钢龙骨骨架相似。采用支撑卡式轻钢龙骨骨架的吊顶常称为吸顶式吊顶或贴顶式吊顶（见图 3-2-13）。

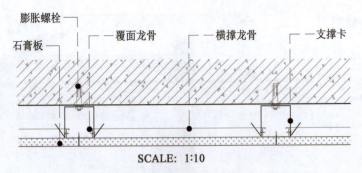

SCALE: 1:10

图 3-2-13　吸顶式轻钢龙骨骨架节点图

卡式轻钢龙骨骨架的结构与 UC 龙骨骨架相似，一般使用卡式龙骨作为承载龙骨，替代 UC 龙骨骨架中的吊件和承载龙骨，直接将覆面龙骨卡在卡式龙骨卡槽中。此种骨架施工较 UC 骨架简便，总厚度最小可达 70mm，承重量比支撑卡式骨架要大，所以这种骨架的使用也是非常广泛的（见图 3-2-14）。

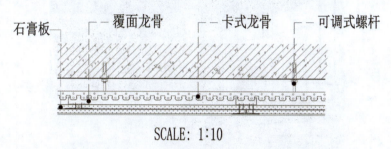

图 3-2-14　贴顶式轻钢龙骨骨架节点图

二、型钢

（一）型钢产品分类及规格

在装饰工程中，一些需要承载较重负荷的棚架、支架、框架，大多以型钢材料作为结构支撑材料（见图 3-2-15）。型钢是一种有一定截面形状和尺寸的条形钢材。型钢有实心和空心之分。实心型钢按断面形状又可分为简单断面型钢和复杂断面型钢，前者有方钢、圆钢、扁钢、角钢、六角钢等，后者有工字钢、槽钢、H 型钢、弯曲型钢等。空心型钢按断面形状主要分为方形（方管）、矩形（矩管）和圆形（圆管）等。如今被广泛使用的是工字钢、槽钢、角钢、H 型钢、方管、矩管等。普通型钢易遭受腐蚀，为了提高其耐腐蚀性，通常会在其表面镀锌以形成保护层。常用型钢产品类型及规格见附录二。

（二）型钢骨架施工工艺与构造

使用型钢做结构支撑的工程项目有很多，针对不同的工程需求，应要根据实际情况选择型钢的类型和规格。这里介绍型钢隔墙骨架和地台骨架的施工工艺和构造。

1. 型钢隔墙骨架

①放线。根据设计要求来放线，以确定墙体和竖龙骨的位置。一般情况下，竖龙骨的间距为 400mm。

②固定竖龙骨。竖龙骨要"顶天立地"以保证结构牢固。首先在地面和顶面按照放线的点位用膨胀螺栓固定好钢板，然后将竖龙骨焊接在钢板上。一般隔墙竖龙骨常用 40mm×40mm、50mm×50mm、40mm×60mm 的方管和矩管。在厨房、卫生间等有防水需求的空间内，龙骨骨架下面要铺设混凝土带（地梁），高度通常为 300mm。

图 3-2-15 型钢骨架

③固定横龙骨。采用与竖龙骨同样规格的型钢制作横龙骨，横龙骨一般间距为600mm，再与竖龙骨焊接（见图 3-2-16）。

膨胀螺栓

水泥压力板

隔音棉

竖龙骨
（镀锌方钢）

横龙骨
（镀锌方钢）

混凝土地梁

镀锌钢板

吊顶完成面

镀锌钢丝网

找平黏结层

石材或瓷砖

地面完成面

（a）三维图

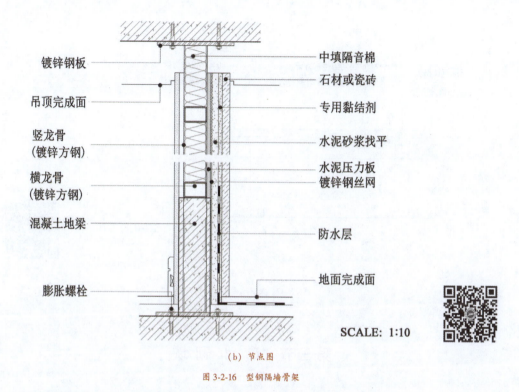

镀锌钢板

吊顶完成面

竖龙骨
(镀锌方钢)

横龙骨
(镀锌方钢)

混凝土地梁

膨胀螺栓

中填隔音棉

石材或瓷砖

专用黏结剂

水泥砂浆找平

水泥压力板
镀锌钢丝网

防水层

地面完成面

SCALE: 1:10

(b) 节点图

图 3-2-16　型钢隔墙骨架

2. 地台骨架

对于诸如主席台、讲台、舞台等高出地坪的地台，应根据设计要求，选用合适规格的方管、角钢等型钢制作地台骨架，通常选用 40mm×40mm 的方管，具体构造见图 3-2-17。

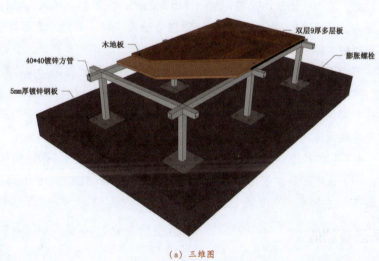

木地板

40*40镀锌方管

5mm厚镀锌钢板

双层9厚多层板

膨胀螺栓

(a) 三维图

图 3-2-17　型钢地台骨架 (1)

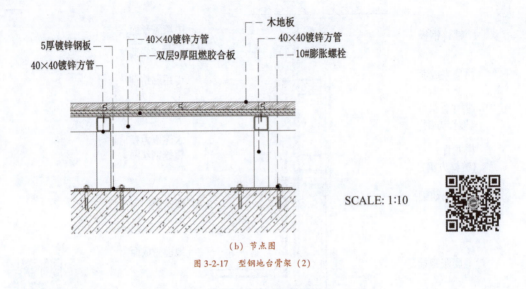

SCALE: 1:10

（b）节点图
图 3-2-17   型钢地台骨架（2）

第三节   砖 和 砌 块

在装饰工程中，除了使用轻钢龙骨、型钢来制作墙体骨架，砖和砌块也是砌筑墙体结构的重要材料。砖和砌块具有不可替代的优点，了解其特性将有助于更好地开展设计工作。砖和砌块的种类有很多，在此主要介绍普通烧结砖、烧结多孔砖和多孔砌块、烧结空心砖和空心砌块、普通混凝土小型砌块和蒸压加气混凝土砌块。

传统黏土砖因取材便利、施工工艺简便，具有较好的隔热、隔音性能，且强度较高、耐久性较好，常用于砌筑承重墙，是一种历史悠久、使用广泛的建筑材料。不过传统黏土砖自重大，且使用大量黏土为原料，对耕地造成破坏，有悖于生态环保的要求，终将退出历史舞台。如今，在现代建筑及装饰工程中多使用各种多孔砖、空心砖、砌块等砌筑材料，它们不仅自重轻、强度高，而且保温、隔热、隔音性能优良，能有效提高施工效率高，具有良好的社会效益。

砌块是砌筑用的人造块材，外形多为直角六面体，也有异形的。砌块相对于砖来说尺寸要大，其主要规格——长度、宽度、高度有一项或一项以上超过365mm、240mm或115mm，但高度不超过长度或宽度的六倍，长度不超过高度的三倍。砌块按尺寸可以分为大、中、小型，大型砌块主规格的高度超过980mm，中型砌块主规格的高度为380~980 mm，小型砌块主规格的高度为115~380mm。

一、普通烧结砖

普通烧结砖以黏土、页岩、煤矸石、粉煤灰、建筑渣土、淤泥（江、河、湖淤泥）、污泥等为主要原料经焙烧而制成，广泛用于建筑物的承重部分。

烧结黏土砖属于普通烧结砖类别，是以黏土为主要原料烧制而成的小型块材。制作时先将原料制作成砖坯，然后焙烧。焙烧时如氧气充足，黏土中的铁元素被氧化生成氧化铁，让砖呈现红色，即为常见的红砖；如氧气不足，部分氧化铁就会被还原成四氧化三铁和氧化亚铁，让砖呈现青灰色，即为青砖。建筑结构中常用的砖是红砖。

标准黏土砖的尺寸为 240mm×115mm×53mm，在砌筑过程中，砖块间约留 10mm 的灰缝，通过不同的砌筑方式可以构建不同厚度的砖墙，如半砖墙、全砖墙、一砖半墙、两砖墙等，相应的实际厚度为 115mm、240mm、365mm、490mm 等，但习惯上称为 12 墙、24 墙、37 墙、49 墙等，也可以采用 3/4 砖墙，其实际厚度为 178mm，通常称为 18 墙（见图 3-3-1）。

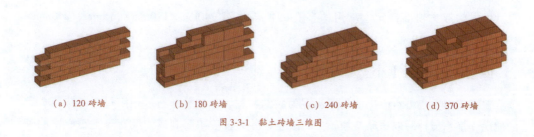

（a）120 砖墙　　（b）180 砖墙　　（c）240 砖墙　　（d）370 砖墙

图 3-3-1　黏土砖墙三维图

二、烧结多孔砖和多孔砌块

烧结多孔砖和多孔砌块是以黏土、页岩、煤矸石、粉煤灰、淤泥（江、河、湖淤泥）及其他固体废弃物等为主要原料经焙烧而成的块材，其孔洞的尺寸小且数量多，主要用于承重部位。多孔砖的孔洞率≥28%，多孔砌块砖的孔洞率≥33%。烧结多孔砖是普通黏土砖的良好替代品（见图 3-3-2）。

图 3-3-2　多孔砖

根据《烧结多孔砖和多孔砌块》（GB 13544-2011）规定，砖和砌块的长度、宽度、高度尺寸应符合要求，砖规格尺寸（mm）：290、240、190、180、140、115、90；砌块规格尺寸（mm）：490、440、390、340、290、240、190、180、140、115、90。其他规格尺寸由供需双方协商确定。常用的多孔砖的规格有240mm×115mm×90mm、190mm×190mm×90mm、190mm×90mm×90mm等。

三、烧结空心砖和空心砌块

烧结空心砖和空心砌块是以黏土、页岩、煤矸石、粉煤灰为主要原料经焙烧而成的块材，主要用于非承重墙和填充墙体，孔洞率≥40%（见图3-3-3）。

根据《烧结空心砖和空心砌块》（GB 13545-2003）的规定，砖和砌块的长度、宽度、高度尺寸（mm）为：390、290、240、190、180（175）、140、115、90。其他规格尺寸由供需双方协商确定。常用的多孔砖的规格有240mm×180mm×115mm、240mm×190mm×90mm、240mm×240mm×115mm等。

四、普通混凝土小型空心砌块

普通混凝土小型空心砌块是以水泥为胶结材料，添加砂、石等粗细骨料，按照一定的配比，加水搅拌后以振动与加压方式成型，并经过养护而制成的具有一定空心率的砌块材料。普通混凝土小型砌块的空心率不小于25%（见图3-3-4）。

图3-3-3 空心砖   图3-3-4 混凝土小型空心砌块

根据《普通混凝土小型空心砌块》（GB 8239-1997）的规定，砌块的主规格尺寸为390mm×190 mm×190 mm，辅助规格尺寸可由供需双方协商，砌块的最小外壁厚度应不小于30 mm，最小肋厚应不小于25 mm。

普通混凝土小型空心砌块强度高、砌筑方便、墙面平整度好，多应用于构建非承重墙和填充墙体，强度等级高的砌块也可用于多层建筑的承重墙。但它有自重相对较大、易产生收缩变形而导致开裂、不便于砍削加工等缺点。

五、蒸压加气混凝土砌块

蒸压加气混凝土砌块（简称加气混凝土砌块），是以硅质材料和钙质材料（石英砂、粉煤灰、石灰、水泥等）等为主要原料，加入适量发气剂和水等，经过搅拌、浇筑、发气、静停、切割和压蒸养护等工艺而制成的多孔混凝土制品（见图 3-3-5）。

图 3-3-5 蒸压加气混凝土砌块

根据《蒸压加气混凝土砌块》（GB/T 11968-2020）的规定，砌块的规格尺寸见表 3-3-1。

表 3-3-1　　　　　　　　　　蒸压加气混凝土砌块尺寸规格

长度 L	宽度 B	高度 H
600	100 120 125 150 180 200 240 250 300	200 240 250 300

备注：单位为 mm。可以定制其他规格。

　　蒸压加气混凝土砌块的自重轻，约为黏土砖的 1/3，且保温、隔热、隔音、耐火性能优越，施工便利，是目前使用最广泛的非承重墙墙体材料之一。但它易受潮气、高温和化学物质的侵蚀，应避免在此类环境中使用。

六、非承重墙体构造

　　对于室内设计师来说，在装饰工程中经常要处理非承重墙的砌筑问题，主要是隔墙、填充墙，对于这类墙体的砌筑，国家有相应规范要求。在此根据《砌体结构设计规范》（GB 50003-2011）的要求，以常用的蒸压加气混凝土砌块为填充材料来讲解墙体的构造要求：

①沿柱高每隔 500mm 配置 2 根直径 6mm 的拉结钢筋（墙体厚度大于 240mm 时可配置 3 根），钢筋伸入填充墙的长度不宜少于 700mm，且拉结钢筋应错开截断，相距不宜小于 200mm。填充墙墙顶应与框架梁紧密结合。顶面与上部结构接触处宜用一皮砖或配砖斜砌楔紧（见图 3-3-6、图 3-3-7）。

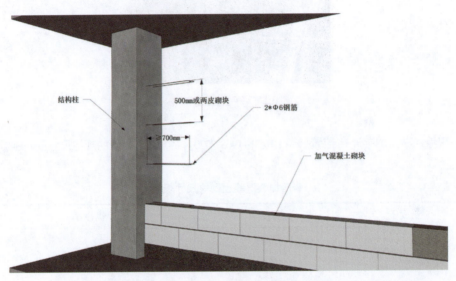

图 3-3-6 拉结钢筋配置三维图

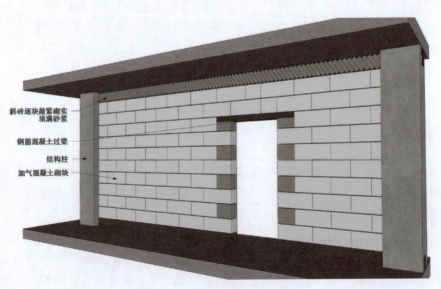

图 3-3-7 加气混凝土砌块填充墙三维图

②当填充墙有洞口时，宜在窗洞口的上端或下端、门洞口的上端设置钢筋混凝土带，钢筋混凝土带应与过梁的混凝土同时浇筑，其过梁的断面及配筋视设计要求而定。钢筋混凝土带的混凝土强度等级不小于C20。如果有洞口的填充墙尽端至门窗洞口边距离小于240mm，宜采用钢筋混凝土门窗框。

③填充墙长度超过5m或墙长大于2倍层高时，墙顶与梁宜采用拉接措施加固，墙体中部应加设由钢筋混凝土制成的构造柱（见图3-3-8）；墙高超过4m时宜在墙高中部设置与柱连接的水平系梁，墙高超过6m时，宜沿墙高每2m处设置与柱连接的水平系梁，梁的截面高度不小于60mm（见图3-3-9）。

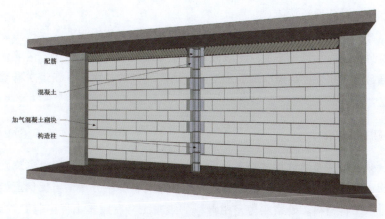

图 3-3-8　填充墙构造柱设置三维图

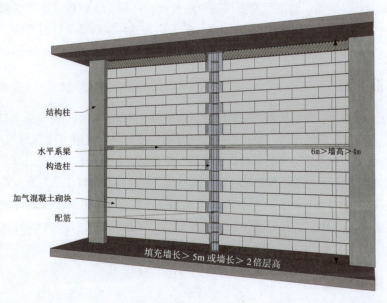

图 3-3-9　填充墙构造柱及水平系梁设置三维图

第四节 混 凝 土

混凝土是现代建筑工程中最重要的材料，在装饰工程中也有许多项目会用到它，如隔墙龙骨骨架下方要铺设的混凝土带，因此，了解混凝土的相关知识将有助于设计工作的开展。在此介绍混凝土及其相关的材料。

一、水泥

水泥是一种粉末状水硬性胶凝材料，加水后可拌和成塑性浆体，能胶结砂、石等材料，在空气中会硬化成石状体。

根据《水泥的命名原则和术语》（GB/T 4131-2014）的规定，水泥按用途及性能分为两大类：通用水泥和特种水泥。一般建筑工程中通常采用通用水泥，主要包括硅酸盐水泥、普通硅酸盐水泥、矿渣硅酸盐水泥、火山灰质硅酸盐水泥、粉煤灰硅酸盐水泥和复合硅酸盐水泥等。

二、建筑砂浆

根据《建筑砂浆基本性能试验方法标准》（JGJ70-2009）的规定，建筑砂浆是由无机胶凝材料、细骨料、掺合料、水及根据性能确定的各种组分按适当比例配合、拌制并经硬化而成的工程材料。砂浆实为无粗骨料的混凝土，在建筑工程中起到黏结、找平、装饰等作用，如在砌筑墙体中，砂浆可以把砖、砌块等材料黏结在一起；砌筑好的墙面需要用砂浆找平、粉饰；若墙面需要石材、瓷砖、马赛克等材料装饰时也要用砂浆黏结。根据《建设用砂》（GB/T 14684-2011）的规定，砂浆按胶凝材料的不同，可分为水泥砂浆、石灰砂浆、混合砂浆等。细骨料主要是指建筑用砂，公称粒径小于 4.75 mm。

三、混凝土

混凝土是以水泥、骨料和水为主要材料，也可加入外加剂和矿物掺合料等材料，经拌合、成型、养护等工艺制作的、硬化后具有强度的工程材料。根据《建筑材料术语标准》（JGJ/T 191-2009）的规定，骨料可分为细骨料、粗骨料，主要是砂、石子，在混凝土或砂浆中起骨架和填充作用的岩石颗粒等粒状松散材料。粗骨料的公称粒径大于 4.75 mm。

根据《混凝土质量控制标准》（GB 50164-2011）的规定，混凝土强度等级按立方体抗压强度标准值（MPa）划分为 C10、C15、C20、C25、C30、C35、C40、C45、C50、C55、C60、C65、C70、C75、C80、C85、C90、C95、C100 十九个级别。

四、钢筋混凝土

在混凝土中加入钢筋组成钢筋混凝土，可用来改善混凝土的力学性质。钢筋混凝土是建筑工程中重要的材料，如加气混凝土砌块墙体的构造柱、水平系梁即由钢筋混凝土制作。其施工工艺大致为：先制作钢筋框架，然后支模板，最后灌入混凝土，待混凝土干后拆模即可。

第四章　基层连接材料

装饰工程的基层连接材料是指用于连接的结构支撑材料和饰面装饰材料，主要是各种人造板材，包括纸面石膏板、胶合板、纤维板、刨花板、细木工板、水泥纤维板、玻镁板等。

第一节　纸面石膏板

纸面石膏板是隔墙和吊顶项目中使用最广泛的基础板材，多配合涂料、壁纸等饰面材料来使用。纸面石膏板具有自重轻、稳定性好、保温隔热性能好、加工方便、施工便利等优点。纸面石膏板的防火等级为 B_1 级，但安装在钢龙骨上，可作为 A 级不燃性装饰材料使用。

《纸面石膏板》（GB/T 9775-2008）将纸面石膏板按功能分为普通纸面石膏板、耐水纸面石膏板、耐火纸面石膏板、耐水耐火纸面石膏板四种。

纸面石膏板的规格为：长度为 1500mm、1800mm、2100mm、2400mm、2700mm、3000mm、3300mm、3600mm 和 3660mm；宽度为 600mm、900mm、1200mm 和 1220mm；厚度为 9.5mm、12mm、

15mm、18mm、21mm 和 25mm。常见的幅面规格有 1200mm×2400mm、1200mm×3000mm，厚度为 9.5mm 和 12mm。

一、普通纸面石膏板

普通纸面石膏板是以建筑石膏为主要原料，掺入适量纤维增强材料和外加剂等，在与水搅拌后，浇注于护面纸的面纸与背纸之间，并与护面纸牢固地黏结在一起的建筑板材（见图 4-1-1）。

图 4-1-1　普通纸面石膏板

普通纸面石膏板的耐水性较差，受潮后，其强度会明显下降，故不宜用于潮湿的环境。它一般用于办公、酒店、商业、住宅等诸多空间的吊顶、隔墙构筑。

二、耐水纸面石膏板

耐水纸面石膏板是以建筑石膏为主要原料，掺入适量纤维增强材料和耐水外加剂等，在与水搅拌后，浇注于耐水护面纸的面纸与背纸之间，并与耐水护面纸牢固地黏结在一起，旨在改善防水性能的建筑板材。耐水纸面石膏板在普通纸面石膏板性能基础上提高了耐水性，它主要用于卫生间、厨房、阳台等潮湿环境。

三、耐火纸面石膏板

耐火纸面石膏板是以建筑石膏为主要原料，掺入无机耐火纤维增强材料和外加剂等，在与水搅拌后，浇注于护面纸的面纸与背纸之间，并与护面纸牢固地黏结在一起，旨在提高防火性能的建筑板材。耐火纸面石膏板的遇火稳定性时间应不少于 20min，主要用于防火等级要求较高的建筑空间，如影剧院、幼儿园、体育馆、展览馆、博物馆、娱乐场所等。

四、耐火耐水纸面石膏板

耐火耐水纸面石膏板是以建筑石膏为主要原料，掺入无机耐火纤维增强材料和耐水外加剂等，在与水搅拌后，浇注于耐水护面纸的面纸与背纸之间，并与护面纸牢固地黏结在一起，旨在改善防水性能和提高防火性能的建筑板材，主要用于防水和防火要求皆高的建筑空间。

五、纸面石膏板的施工工艺与构造

纸面石膏板作为隔墙、吊顶的基层连接板材，常以螺钉固定在龙骨骨架上，为了防止螺钉生锈污染饰面材料，通常还要在钉好的钉帽上涂抹防锈漆。

（一）安装在轻钢龙骨隔墙骨架

纸面石膏板安装在轻钢龙骨隔墙骨架上时应竖向排列，与竖龙骨相匹配，并使用自攻螺钉固定在竖龙骨上。自攻螺丝的钉帽应略微沉入石膏板中，但不能破坏纸面石膏板。石膏板周边的螺钉中心间距不大于 200mm，板面中间的螺钉中心间距不大于 300mm（见图 4-1-2）。

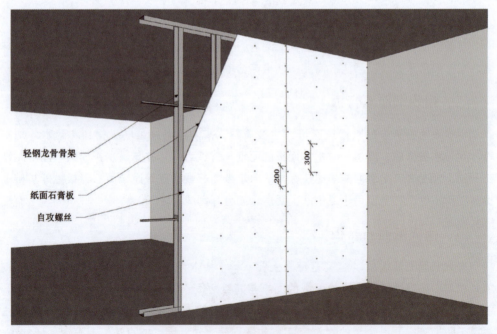

图 4-1-2　轻钢龙骨纸面石膏板隔墙三维图

轻钢龙骨纸面石膏板隔墙的基础厚度为竖龙骨的宽度和石膏板的厚度之和（见图4-1-3）。

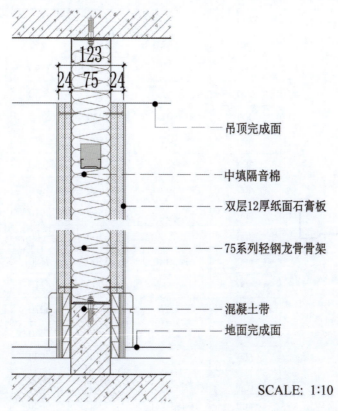

图 4-1-3　轻钢龙骨纸面石膏板隔墙节点图

隔墙常用 12mm 厚的纸面石膏板做基层。轻钢龙骨和纸面石膏板组合而成的隔墙，其高度是有限制的，具体见表 4-1-1。

表 4-1-1	隔墙限止高度表
隔墙水平变形标准	a. 住宅隔墙，临时建筑选用水平变形 $\geqslant H_0/120$ 的限高。
	b. 办公楼、宾馆等以及对建筑装修标准有较高要求的公共建筑选用水平变形 $\geqslant H_0/240$ 的限高。
	c. 工业厂房、商店、展览厅、人员密集的场所及隔墙振动和撞击有特殊要求的，选用水平变形 $\geqslant H_0/360$ 的限高。

续表

龙骨形状	龙骨间距	龙骨断面 $A×B×T$	限止高度 H_0		
			$H_0/120$	$H_0/240$	$H_0/360$
	300	50×50×0.6	4110	3250	2850
	400	50×50×0.6	3590	2850	2490
	600	50×50×0.6	3260	2590	2250
	300	50×50×0.7	4500	3580	3120
	400	50×50×0.7	3930	3120	2730
	600	50×50×0.7	3580	2830	2480
	300	75×50×0.6	5730	4550	3970
	400	75×50×0.6	5010	3970	3460
	600	75×50×0.6	4550	3610	3150
	300	75×50×0.7	6300	5000	4370
	400	75×50×0.7	5500	4480	4180
	600	75×50×0.7	5000	4210	3580
	300	100×50×0.6	7890	6270	5480
	400	100×50×0.6	6900	5480	4780
	600	100×50×0.6	6270	4980	4350
	300	100×50×1.0	8680	6890	6020
	400	100×50×1.0	7580	6020	5260
	600	100×50×1.0	6890	5470	4780

备注：表中系按隔墙两侧各贴一层 12mm 厚石膏板考虑，当隔墙两侧各贴两层 12mm 厚石膏板时，其极限高度可按上表提高 1.07 倍。

（注：根据《墙身—轻钢龙骨纸面石膏板》（88J2-5）中相关内容整理。）

（二）安装在轻钢龙骨吊顶骨架

吊顶常用 9.5mm 厚的纸面石膏板做基层。在进行纸面石膏板安装时，应使纸面石膏板长边与主龙骨平行，边缘与覆面龙骨相对应，并从顶棚的一端向另一端错缝安装，逐块排列，余量放在最后安装。用自攻螺钉将石膏板钉在幅面龙骨上时，螺钉中心间距不大于 200mm，螺钉与纸面石膏板板边的距离为 10～15mm；距切割后的板边不得小于 15mm 为宜。

轻钢龙骨纸面石膏板吊顶，根据是否需要进入吊顶内检修的要求，分为上人和不上人两类。上人吊顶通常采用 $\phi8$ 钢筋吊杆或 M8 全丝吊杆，承载龙骨（主龙骨）规格为 50×15/60×24/60×27（建议使用后两者）。不上人吊顶通常采用 $\phi6$ 钢筋吊杆或 M6 全牙吊杆，承载龙骨（主龙骨）规格为 38×12/50×20/60×27。次龙骨规格为 50×20/60×27/ 50×19 等，见表 4-1-2、图 4-1-4 至图 4-1-6。

表 4-1-2　　　　　　　　　吊顶轻钢龙骨主要产品分类及规格

产品名称	适用范围	规格型号		尺寸				备注
		图形	型号	A	B	t	长	
承载龙骨（主龙骨）	承载龙骨（不上人吊顶）		C38×12	38	12	1.0	3000	
			C50×20	50	20	0.6		
			C60×27	60	27	0.6		
	承载龙骨（上人吊顶）		CS45×15	45	15	1.2	3000	t 为壁厚；单位为 mm
			CS50×15	50	15	1.2		
			CS60×20	60	20	1.2		
			CS60×24	60	24	1.2		
			CS60×27	60	27	1.2 1.5		
横撑龙骨（次龙骨）	骨架（上人、不上人）		C50×19	50	19	0.5	3000	
			C50×20	50	20	0.6		
			C60×27	60	27	0.6		
			DF47	47	17	0.5		

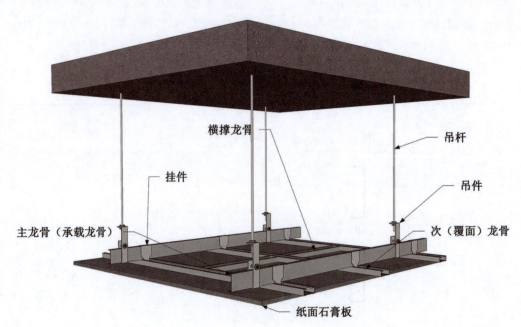

图 4-1-4 轻钢龙骨纸面石膏板吊顶三维图

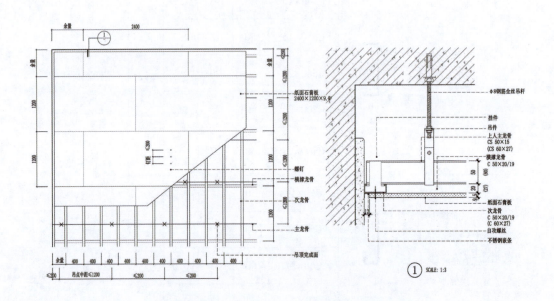

图 4-1-5 上人吊顶平面及详图

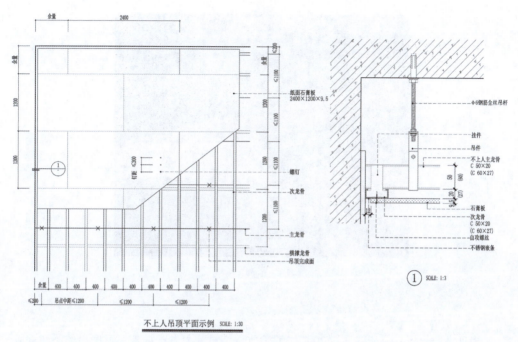

图 4-1-6　不上人吊顶平面及详图

第二节　人　造　板

　　人造板，是以木材或其他非木材纤维为原料，通过各种加工工艺将其分解成不同单元材料后，再通过一系列工序加工而成的板材。与天然木材相比，人造板不但具有能节约和充分利用资源的特点，而且具有幅面大、变形小、易加工等优点，因此成为装饰工程中使用最广泛的基层板材之一。常用的人造板有胶合板、细木工板、刨花板、密度板等。

一、胶合板

　　胶合板俗称夹板，是由原木加工成薄片单板，多层单板胶合而成的板状材料。单板的层数为三层或多层，通常为奇数层，相邻层单板的木纹方向相互垂直。胶合板的原料主要以松木、杨木、桦木、椴木等（见图 4-2-1）。

　　根据《普通胶合板》（GB/T 9846-2015）的规定，胶合板可以分为三类，在装饰工程中应根据实际环境选用相应类别：

　　① Ⅰ类胶合板——能够通过煮沸试验，供室外条件使用的耐气候胶合板。

　　② Ⅱ类胶合板——能够通过 63℃±3℃ 热水浸渍试验，供潮湿条件下使用的耐水胶

图 4-2-1　胶合板

合板。

③Ⅲ类胶合板——能够通过 20℃±3℃ 冷水浸泡试验，供干燥条件下使用的不耐潮胶合板。

胶合板板面规格通常为长宽 1220mm×2440mm（这是诸多装饰板材的常规尺寸），厚度为 3mm、5mm、9mm、12mm、15mm、18mm 等。装饰工程中通称的五厘板、九厘板就是 5mm、9mm 厚胶合板的简称。

胶合板具有纵横交错的薄片单板结构，经过生产过程中的精细加工，较好地克服了木材的缺陷，极大地改善和提高了木材的性能。它具有握钉力好、结构稳定、强度高、抗弯曲性能好、施工方便、易于加工等优点，是适应性最强的木质人造板，广泛应用于装饰工程和家具制作（见图 4-2-2）。

阻燃胶合板是经过阻燃处理的胶合板，防火等级可达 B1 级，能更好地满足装饰工程的防火要求（见图 4-2-3）。

二、细木工板

细木工板俗称大芯板，是由木条沿顺纹方向组成板芯，两面与单板或胶合板组坯胶合而成的一种人造板材。根据《细木工板》（GB/T 5849-2016）的规定，它从结构上看多为三层构造，是由板芯两面贴合单板构成的，板芯则是由小实木板拼接而成的实木板材。

细木工板板面规格通常为长宽 1220mm×2440mm，厚度为 12mm、15mm、18mm、20mm 等。

图 4-2-2　胶合板家具

图 4-2-3　轻钢龙骨隔墙以阻燃胶合板做基层板

　　细木工板具有握钉力好、强度高、施工方便、价格适中等特点，其含水率不高，一般在 10%～13% 之间，防潮性能较好，是装饰工程中常用的基层板材。此外，细木工板的竖向抗弯压强度较好，但横向抗弯压强度较差，且防火性能差，需要进行阻燃处理才能达到 B1 级（见图 4-2-4）。

图 4-2-4　细木工板

三、纤维板

　　纤维板又名密度板，是以木质纤维或其他植物纤维为原料，经纤维制备，施加胶黏剂，在加热加压条件下，压制成厚度不小于 1.5mm 的板材。根据《高密度纤维板》（GB/T 31765-2015）与《中密度纤维板》（GB/T 11718-2009）的规定，按照密度的不同，纤维板可以分为三种：

①高密度纤维板：名义密度大于 $0.8g/cm^3$。

②中密度纤维板：名义密度大于 $0.65g/cm^3 \sim 0.8g/cm^3$。

③低密度纤维板：名义密度小于 $0.65g/cm^3$。

纤维板板面规格通常为长宽 1220mm×2440mm，厚度为 3mm、5mm、9mm、12mm、15mm、18mm、20mm 等。

纤维板最显著的特点是其平整度特别高、易于加工，这是由于构成纤维板的颗粒特别细密，因此，油漆可以直接喷涂在其表面，木皮、三聚氰胺纸、PVC 膜等饰面材料易于粘附其上。它可以做软硬包的衬板，也可以经过雕刻、切割而制作出有造型的门板、线脚、隔扇等产品。也正是由于构成密度板的颗粒特别细密，所以它的握钉力较差，不防潮，遇水就会膨胀、变形，且密度越低，此问题就越严重，故装饰工程中主要以中、高密度纤维板为主（见图 4-2-5、图 4-2-6）。

图 4-2-5　纤维板

图 4-2-6　以纤维板为基材的装饰板

四、刨花板

刨花板是将木材或非木材植物纤维原料加工成刨花（或碎料），施加胶黏剂（和其他添加剂），组坯成型并经热压而成的一类人造板材。根据《刨花板》（GB/T 4897-2015），刨花板的稳定性、平整度和握钉力都比较好，但构成刨花板的颗粒较大，不便于现场精细加工，所以它主要用于家具的基层板材（见图 4-2-7）。

装饰工程中常用的刨花板为定向刨花板，又名 OSB 板（来自其英语名称 Oriented Strand Board 的缩写），它是由规定形状和厚度的木质大片刨花施胶后定向铺装，再经热压制成的多层结构板材，其表层刨花板材的长度或宽度方向定向排列（图 4-2-8）。

定向刨花板板面规格通常为长宽 1220mm×2440mm，厚度为 9mm、12mm、15mm、18mm、20mm 等。

定向刨花板握钉力好、强度高，环保性和防潮性都较好，可以广泛用于装饰工程的基层，是近些年比较流行的基层板材，可以作为胶合板、细木工板的替代产品。但它的平整度较差，故不适合做饰面板的基层。

图 4-2-7　刨花板

图 4-2-8　定向刨花板

定向刨花板常被称为欧松板，其实欧松板只是一个商标名称，由北京一家公司注册，这家公司最早把定向刨花板引进国内并推广开来，行业内慢慢就习惯以欧松板代指定向刨花板了。

五、选用木质人造板的注意事项

（一）环保性

近年来，人们对室内环境的环保问题越来越关注，尤其是对于会引发恶性疾病的甲醛厌恶至极，因此，如何控制室内环境中的甲醛含量成为焦点问题。板材中的甲醛主要来源于其生产过程中使用的胶黏剂，胶黏剂的用量和品质决定了其甲醛的释放量。装饰工程中会使用较多的木质人造板，选用甲醛释放量低的板材才能减轻对室内环境的污染。

对于人造板材甲醛放限量，国家标准有明确规定，根据《室内装饰装修材料人造板及其制品中甲醛释放限量》（GB 18580-2017），人造板材的甲醛释放量限值为 $0.124mg/m^3$，限量标识 E_1，即人造板材只有达到 E_1 等级才可用于室内。不过市场上有很多标示为 E_0 等级的各种木质人造板材，商家称 E_0 等级是指甲醛释放量 $\leqslant 0.5mg/L$。笔者通过查找相关国家标准，只查到《浸渍纸层压木质地板》（GB/T 18102-2007）和《普通胶合板》（GB/T 9846-2015）两部标准中提到 E_0 等级，这两部标准中规定甲醛含量 $E_0 \leqslant 0.5mg/L$、$E_1 \leqslant 1.5mg/L$。所以，现阶段 E_0 等级在国家标准中只针对浸渍纸层压木质地板和胶合板，其他板材做这样的标注只是行业行为。同时，根据《室内装饰装修材料人造板及其制品中甲醛释放限量》（GB 18580-2017）的规定，E_1 等级板材甲醛释放量限值要比 E_0 等级严格很多。所以，对于人造板材的甲醛释放限量还是要以国家标准为重要依据，不可只听商家的一面之词。

如上所述，甲醛主要来自胶黏剂，选用环保型人造板材是构建良好室内环境的重要基础，还要优化构造工艺，减少施工过程中对胶黏剂的使用或使用环保性能好的胶黏剂，这样才能保证室内环境的品质。

（二）燃烧性能

上述人造板中常见的产品只有阻燃胶合板的防火性能等级能达到 B1 级，其他板材通常为 B2 级。根据《建筑内部装修设计防火规范》（GB 50222-2017）可知，绝大多数空间的顶面要求使用 A 级装饰材料，故这些人造板均不能直接使用。其他界面要求 B1 级装饰材料，除阻燃胶合板外的其他板材也不能直接使用。基于这种情况，阻燃胶合板是比较好的选择。人造板材要达到规范要求的燃烧等级，需要进行阻燃处理，即涂刷防火涂料，一般要涂刷三遍。对于防火要求高的工程，务必要按照规范要求来选用材料。

第三节　水　泥　板

水泥板是以水泥为主要原材料加工生产的一种建筑板材。相较石膏板和人造板，水泥板的特点明显，其燃烧等级为 A 级；防水、防腐，使用寿命长；可切割、钻孔、雕刻，加工性较强；不含甲醛、环保性好，因此，成为广泛使用的建筑材料。但水泥板的重量较大，不能现场弯曲。

水泥板板面规格通常为长宽 1220mm×2440mm，厚度为 3mm、5mm、10mm、12mm、15mm、20mm、30mm 等。

水泥板的种类繁多，主要可分为普通水泥板、纤维水泥板、纤维水泥压力板。

一、普通水泥板

普通水泥板的主要成分是水泥、粉煤灰、沙子，其成本低廉，但强度相对较低，在装饰工程中使用得较少。

二、纤维水泥板

纤维水泥板是以有机合成纤维、无机矿物纤维或纤维素纤维为增强材料，以水泥或水泥中添加硅质、钙质材料代替水泥作为胶凝材料（硅质、钙质材料的总用量不超过胶凝材料总量的 80%），经成型、蒸汽或高压蒸汽养护而制成的板材。纤维水泥板与普通水泥板的主要区别是因添加了各种纤维作为增强材料，使纤维水泥板的强度、柔性、抗折性、抗冲击性等大幅提高（见图 4-3-1）。

图 4-3-1 纤维水泥板

三、纤维水泥压力板

纤维水泥压力板又称水泥压力板，它与纤维水泥板的主要区别是，在生产过程中由专用的压机压制而成，具有更高的密度，防水、防火、隔音性能更好，承载、抗折抗冲击性更强，其性能的高低除了受原材料、配方和工艺影响，主要取决于压机压力的大小。

当装饰工程中的构件对防火、防潮、耐久性有要求时，就需要使用水泥板作为基层板材，如厨房、卫生间金属隔墙等。

第四节 玻 镁 板

玻镁板是以氧化镁、氯化镁或硫酸镁和水三元体系，经合理配制和改性，以玻纤网或其他材料增强，以轻质材料为填料，经机械滚压而制成的平板。根据《玻镁平板》（JC 688-2006）可知，玻镁板的防火性能好，防火等级为 A 级，防潮防水，不含有毒物质，强度高，自重轻。但玻镁板的品质不稳定，低品质的产品存在一定的吸潮返卤现象，会影响工程质量（见图 4-4-1）。

玻镁板板面规格通常为长宽 1220mm×2440mm，厚度为 5mm、8mm、10mm、12mm、15mm、18mm、20mm 等。

玻镁板自重轻、强度高、防火性好，在防火要求高的装饰工程中，它可以替代胶合

图 4-4-1　玻镁板

板、细木工板作为吊顶的基层板（见图 4-4-2）。

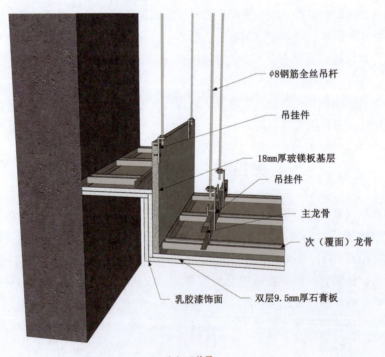

φ8钢筋全丝吊杆

吊挂件

18mm厚玻镁板基层

吊挂件

主龙骨

次（覆面）龙骨

乳胶漆饰面

双层9.5mm厚石膏板

（a）三维图

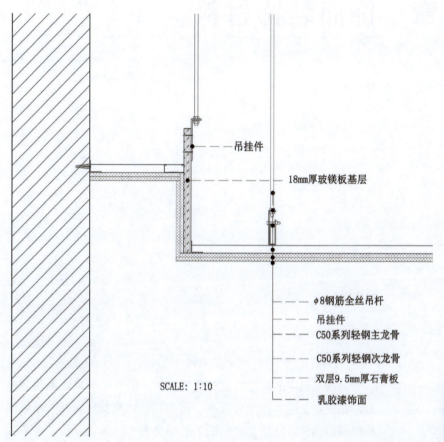

吊挂件

18mm厚玻镁板基层

φ8钢筋全丝吊杆

吊挂件

C50系列轻钢主龙骨

C50系列轻钢次龙骨

双层9.5mm厚石膏板

乳胶漆饰面

SCALE: 1:10

（b）节点图

图 4-4-2　玻镁板在吊顶中的应用

第五章　饰面装饰材料

装饰工程中的饰面装饰材料是能被人们直接看到或触摸到部分，是装饰工程中的关键要素，可以说，结构支撑材料、基层连接材料的选择以及整个的构造工艺都是围绕它来展开的。本章主要介绍常见的饰面装饰材料。

第一节　石　　材

装饰石材分为天然石材和人造石材两大类。天然石材是指天然岩石经过机械加工或不经过加工而制得的材料。人造石材是指采用天然石材或其他材料为骨料，使用无机或有机胶凝材料作为黏结剂，经加工而成的仿石材的人造材料。

一、天然石材

天然石材作为建筑材料有着非常悠久的历史。在西方建筑史上，有许多伟大的建筑都是由天然石材建造的，如埃及的金字塔、希腊的帕特农神庙、罗马的斗兽场、法国的巴黎圣母院等，大文豪雨果曾说过："建筑是用石头写成的史书。"中国的传统建筑虽以使用木构架为主要特征，但诸如台基、柱础等部位也是用石头制作的。此外，著名的赵州桥、卢沟桥等桥梁也是用石头制作的。如今，在钢筋混凝土大行其道的时代，直接用天然石材砌筑的建筑已经很少了。不过，很多天然石材以其良好的强度、耐久性和耐磨性，以及经过加工后获得的表现装饰性，在装饰工程中仍然得到了广泛的应用。总体而言，尽管石材相较其他材料的价格要高很多，但作为一种高端的装饰材料，它仍备受青睐。

（一）岩石的形成与分类

岩石是由矿物组成的，这些矿物被称为造岩矿物。大多数岩石由多种造岩矿物组成，如花岗岩，它是由长石、石英、云母及其他矿物组成，因此呈现出多样的颜色。各种造岩矿物在不同的地质条件下，会结合并形成性能不同的岩石，通常可分为岩浆岩、沉积岩和变质岩三大类（见图5-1-1）。

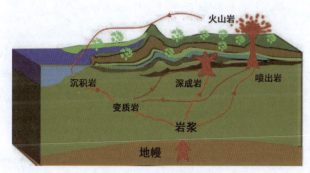

图5-1-1 岩石的形成示意图

1. 岩浆岩

岩浆岩又称火成岩，它是地壳深处的熔融岩浆因地壳运动而上升后冷却固化形成的。岩浆岩是组成地壳的主要岩石，占地壳总质量的89%。岩浆岩根据岩浆冷却条件的不同，又可分为深成岩、喷出岩和火山岩三种。

2. 沉积岩

沉积岩又称水成岩。它是在地表或接近地表的常温常压条件下，由各种岩石（母岩）风化的碎屑物、火山碎屑等物质经过搬运、沉积和成岩作用而形成的。沉积岩为层理构造，其各层的成分、结构、颜色、层厚等均不相同。常见的沉积岩有石灰岩、砂岩、页岩等。

沉积岩虽然仅占地壳质量的5%，但在地球上分布极广，约占地壳表面积的75%，加之埋藏于距地表不太深处，故易于开采。

3. 变质岩

变质岩是由原生的岩浆岩或沉积岩，经过地壳内部高温、高压的作用，使原生岩石的矿物成分、化学成分以及结构构造发生变化而形成的岩石。通常情况下，沉积岩变质后，结构变得致密，性能变好，坚实耐久，如石灰岩变质为大理石；而岩浆岩经变质后，性质反而变差，如花岗岩变质成片麻岩，不如原岩坚实，易产生分层剥落，耐久性变差。常见的变质岩有大理岩、石英石、片麻岩等。

（二）天然石材的性质

1. 表观密度

天然石材的表观密度与其矿物组成和孔隙率有关。表观密度的大小常间接反映出石材的致密程度与孔隙多少，如花岗岩、大理石等致密的石材，其表观密度接近于其密度，为 $2500 \sim 2900kg/m^3$。

天然石材按表观密度大小可分为重石和轻石两类。表观密度大于 $1800kg/m^3$ 的为重石，小于 $1800kg/m^3$ 的为轻石。通常情况下，同种石材的表观密度越大，则抗压强度越高，吸水率越小，耐久性与导热性越好。

2. 吸水性

吸水性主要与孔隙率及孔隙特征有关。深成岩及许多变质岩孔隙率都较小，故而吸水率也很小，如花岗岩的吸水率通常小于 0.5%。沉积岩由于形成条件的不同，其孔隙率和孔隙特征的变化很大，导致石材的吸水率不稳定，如致密的石灰岩，吸水率可小于 1%，而多孔贝壳石灰岩的吸水率高达 15%。

3. 抗压强度

石材的抗压强度是划分其强度等级的依据。可用边长为 70mm 的立方体试块的抗压强度表示，分为不同强度等级：MU100、MU80、MU60、MU50、MU40、MU30 和 MU20。试件也可采用表 5-1 所列尺寸的立方体，但应对其试验结果乘以相应的换算系数后方可作为石材的强度等级。

表 5-1-1　　　　　　　　　　　　石材强度等级的换算系数

立方体边长（mm）	200	150	100	70	50
换算系数	1.43	1.28	1.14	1	0.86

注：摘自《砌体结构设计规范》（GB 50003-2011）。

4. 硬度

岩石的硬度以莫氏硬度表示。它取决于岩石组成矿物的硬度与构造。凡是由致密、坚硬矿物组成的石材，其硬度就高。

（三）装饰用天然石材

1. 天然大理石

天然大理石属于变质岩，是石灰岩和白云岩在地壳内经高温、高压作用，促使矿物重新结晶并发生变质而形成。其主要化学成分为氧化钙，其次为氧化镁，还包含其他多种化学成分，因此，许多天然大理石表现出的色彩变化多样、纹理错综复杂，常作为高级装饰材料。

（1）天然大理石的特点

天然大理石除了装饰效果好，还具有石质细腻、抗压性强、吸水率小、可加工性高等优点。天然大理石比花岗岩硬度低，耐磨性差。由于天然大理石的主要化学成分为氧化钙，其抗风化能力、耐腐蚀性差，所以不宜用于建筑物外部的装饰，室内经常使用水和酸性洗涤液刷洗的地方，也不宜用大理石作为地面材料。

（2）天然大理石的品种

天然大理石的品种繁多，国内的品种有汉白玉、丹东绿、铁岭红、山雪、雪花白、艾叶青等。国外品种有印度红、巴西蓝、蓝珍珠、深网咖、金花米黄、大花绿、爵士白、雅士白、帕斯高灰等（见图 5-1-2）。更多品种可查阅《天然石材统一编号》（GB/T 17670-2008）。

图 5-1-2　种类繁多的大理石

（3）天然大理石的规格

天然大理石常以板材的形式应用在装饰工程中，根据《天然大理石建筑板材标准》（GB/T 19766-2005），板材按形状可分为普通型板材（PX）、圆弧板（HM）两类。大理石板材按规格尺寸偏差、平面度公差、角度公差及外观质量将板材分为优等品（A）、一等品（B）和合格品（C）三个等级。天然大理石板材的规格可以定制，常用的是正方形或长方形的普通型板材，常见规格为长 300 mm～1200 mm、宽 150 mm～900 mm、厚 15mm～30mm。

（4）天然大理石的应用

因其颜色和纹理的装饰性，天然大理石常作为高档的装饰石材。在具体应用时，应对其表面做抛光处理，形成镜面的高光泽效果，从而使石材固有的颜色和纹理最大限度地显示出来，也能表现出石材的硬度和细腻感。在室内设计中，天然大理石板的应用比较广泛，可以作为墙面、柱面、地面的饰面，也可以作为服务台、酒吧台、洗漱台、柜台、窗台等构件的台面和侧立面（见图5-1-3、图5-1-4）。

图 5-1-3　酒店大堂大理石地面铺装

图 5-1-4　接待台大理石饰面

2. 天然花岗岩

天然花岗岩属于岩浆岩，是由长石、石英、云母等矿物组成的全晶质的岩石。花岗岩的构造非常致密，矿物全部结晶且颗粒粗大，呈块状构造或粗晶嵌入玻璃质结构中的斑点状构造。天然花岗岩经过抛光后的表面，多呈现出鱼鳞状、片状及斑点状的花纹，具有很好的装饰性。

（1）天然花岗岩的特点

天然花岗岩的结构致密、质地坚硬，抗压强度大，耐磨性好，吸水率小。花岗岩中SiO_2的含量占67%~75%，属酸性岩石，耐腐蚀性好，故而对环境的适应性非常强，室内外皆可使用。天然花岗岩的颜色和花纹丰富多样，且其花纹没有特定方向性，拼贴时对对花工艺的要求较低。

天然花岗岩也有一些缺点，如自重大，用于装饰工程中会增加建筑物自重；硬度大，给加工、施工带来困难；质脆，耐火性差，当温度超过800℃时，其中SiO_2的晶型发生转变，引发体积膨胀，从而导致石材开裂，丧失原有的强度。某些天然花岗岩含有微量放射性元素，对人体有害，根据《建筑材料放射性核素限量》（GB 6566-2010）的要求，A类装修材料产销与使用范围不受限制，B类装修材料不可用于Ⅰ类民用建筑的内饰面，但可用于Ⅱ类民用建筑、工业建筑的内饰面及其他一切建筑物的外饰面，C类装修材料只能用于建筑物外饰面及室外。故不达标的花岗岩应避免用于室内装饰。

（2）天然花岗岩的品种

我国花岗岩储量丰富，品种丰富，主要产地有山东、福建、四川、湖南、江苏、浙江、北京、安徽、陕西等省。国内的品种有济南青、将军红、白虎涧、莱州白、岑溪红、樱花红、芝麻黑（白）等。国外的品种有印度红、黑金沙、啡砖、巴拿马黑、蓝珍珠、积架红、拿破仑红、巴西黑、绿星石等（见图5-15）。更多品种可查阅《天然石材统一编号》（GB/T 17670-2008）。

图5-1-5　种类繁多的花岗岩

（3）天然花岗岩的规格

天然花岗岩常以板材的形式应用在装饰工程中，根据《天然花岗石建筑板材》（GB/T 18601-2009），板材按形状可分为毛光板（MG）、普通板（PX）、圆弧板（HM）、异型板（YX）。花岗石板材按规格尺寸偏差、平面度公差、角度公差及外观质量将板材分为优等品（A）、一等品（B）和合格品（C）三个等级。天然花岗岩板材的规格可以定制，常用的是正方形或长方形的板材，常见规格为长 300 mm～1200 mm、宽 150 mm～900 mm、厚 15mm～30mm。

（4）天然花岗岩的应用

天然花岗岩板表面有很多种加工方法，可以展示其丰富的色彩、纹理和质感。常见的表面加工方法有抛光面、哑光面、剁斧面、机刨面、烧毛面、荔枝面、蘑菇面等，其中有些加工方法对于其他石材也适用（见图 5-1-6）。

图 5-1-6　石材表面处理

①抛光面。对石材进行研磨加工，使其表面平整，具有较好的反射光线的能力以及

良好的光滑度，可以最大限度地展示石材的颜色和花纹。

　　现场整体地面的抛光也是高级石材现场加工和地面翻新的优良工艺，可以解决板材加工表面不平整和地面板材缝隙铺贴高低不平整的问题，使石材地面整体更平整，达到装饰工程施工验收的标准。对于年久失修的石材地面，抛光修复不仅能延续原有的设计风貌，还能节约自然资源。抛光后经结晶硬化处理能长久保留石材的光泽度。

　　②哑光面。对石材进行研磨加工，使其表面平整，具有一定的反射光线的能力，但反射能力相对较弱。抛光和哑光处理是常见的加工方式，加工出的板材普遍适用于室内墙、柱、地面等部位。

　　③荔枝面。用形状如荔枝皮的锤在板材表面敲击，从而创造形如荔枝皮的纹理。其表面较平整，但有明显的颗粒感，装饰效果和防滑效果好，适合地面、墙面的装饰。

　　④蘑菇面。将块材四边基本凿平齐，中部经加工后形成自然突出如山峦起伏的形状，使石材具有自然韵味和厚重质感，装饰效果好。

　　⑤斧剁面。用剁斧敲击石材表面，形成有规律的条状斧纹。

　　⑥机刨面。用排锯在板材表面切槽，形成相互平行的沟槽。它可代替了传统的手工剁斧加工法，形成不同的图案和肌理。

　　⑦烧毛面。经锯切加工成型的板材，利用火焰喷射器对其进行表面烧毛处理，烧毛后的石板先用钢丝刷刷掉要剥离的碎片，再用玻璃碴和水的混合液高压喷吹或者用尼龙纤维团的手动研磨机研磨，以呈现出表面凹凸不平的粗糙肌理。天然大理石和人造石材不适用烧毛工艺，烧毛加工容易使板材发生翘曲变形。

　　⑧其他石材加工方法还有自然面、酸洗面、喷砂面等，也可以按照设计要求灵活地综合使用多种加工方法，如图5-1-7所示的石材表面同时使用了两种加工方法，先将石材打磨出高低起伏的纹理，然后通过机刨形成密集的平行沟槽。如图5-1-8所示的墙壁，将石材打磨出高低起伏的变化，通过灯光的配合，展现出一幅立体的山水画。如图5-1-9、图5-1-10所示的墙壁，将文字、图案雕刻在石材表面，在传播信息的同时形成有立体感的纹理。

图5-1-7　石材表面处理1

图5-1-8　石材表面处理2

图 5-1-9　石材表面处理 3

图 5-1-10　石材表面处理 4

3. 天然石灰石

天然石灰石属于沉积岩，主要成分是碳酸钙，是大量用于建筑材料、工业领域的原料，可以直接加工成石料或烧制成生石灰，生石灰吸潮或加水就成为熟石灰，熟石灰经调配成石灰浆、石灰膏等，可用作涂装材料和砖瓦黏合剂。

（1）天然石灰石的特点

天然石灰石纹理内敛、色彩温暖、质感温润，具有很好的装饰性。天然石灰石的密度高低不等，低密度石灰石密度为 $1.76g/cm^3 \sim 2.61g/cm^3$，中密度石灰石密度为 $2.61g/cm^3 \sim 2.56g/cm^3$，高密度石灰石密度不小于 $2.56g/cm^3$。低密度石灰石不宜在装饰工程中使用。石灰石在密度和硬度上不如大理石、花岗岩，因其主要成分是碳酸钙，故易遭酸性物质侵蚀（见图 5-1-11）。

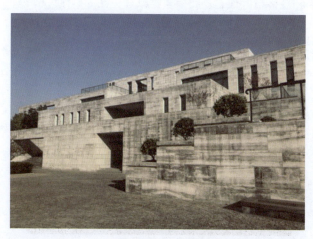

图 5-1-11　自然侵蚀后的石灰石呈现出特殊的美感

（2）天然石灰石的品种

天然石灰石的品种有米白洞石、黄洞石、罗汉松木纹石、黑石灰石、白沙米黄等（见图 5-1-12）。

图 5-1-12　黄洞石

（3）天然石灰石的应用

天然石灰石常以板材的形式应用在装饰工程中，根据《天然石灰石建筑板材》（GB/T 23453-2009），板材按形状可分为毛光板（MG）、普型板（PX）、圆弧板（HM）、异型板（YX）。石灰石板材按规格尺寸偏差、平面度公差、角度公差及外观质量将板材分为优等品（A）、一等品（B）和合格品（C）三个等级。天然石灰石板材的规格可以定制，其常用形制和规格与大理石、花岗岩类似（见图5-1-13）。

图 5-1-13　博物馆外墙的石灰石饰面

4. 天然文化石

天然文化石是指利用天然石材，主要是板岩、砂岩、石英石等，经过加工形成的一种装饰材料。其色彩丰富、形态各异、肌理多样，具有很好的装饰效果。

天然文化石有多种形态，如条状、平板状、块状、不规则形状等。

（1）条状文化石

将石材加工成不同长短、厚度、表面纹理起伏形态的小石条，再将小石条用堆砌的方法进行层层交错叠垒而形成条状，其所用的石材可以是一种，也可以是多种，组合出色彩丰富、表面粗犷的肌理，主要用于室内外墙面的装饰（见图5-1-14）。

（2）平板状文化石

平板状文化石大多为规格一致的长方形或方形，表面可做哑光、自然面、蘑菇面等处理，多用于室内外墙面、地面的装饰（见图5-1-15）。

（3）不规则状文化石

将石材加工成形状、大小不一的不规则石板时，可以是以机器切割形成的规整边沿，也可以是敲打后形成的自然边沿，再进行随机铺装以呈现自然、随意的状态。所用的石材可以是一种，也可以是多种，表面可做哑光、自然面、粗面等处理，多用于室内外墙面、地面的装饰（见图5-1-16）。

图 5-1-14 条状文化石

图 5-1-15 平板状文化石

图 5-1-16 不规则状文化石

（4）块状文化石

块状文化石主要是指鹅卵石、砂石等石材。天然鹅卵石是自然界中的砂石经历山洪冲击、流水搬运过程中不断的挤压、摩擦而形成，因状似鹅卵而得名。鹅卵石之名，更多是基于其形状，并不局限特定种类的石材。它常用于地面铺贴，可以自由组合图案，起到很好的装饰点缀效果（见图5-1-17）。

图 5-1-17　鹅卵石拼花铺装的地面

　　砂石是把石材加工成粒径大小不一的石料。在室内设计中，常选用颜色单一的砂石用于地面铺装，如黑色、灰色、白色等，来营造宁静的环境氛围（见图 5-1-18）。

图 5-1-18　白色砂石铺装的地面

二、人造石材

　　人造石材是以天然大理石、石英砂等石材的碎料、粉料，氢氧化铝粉等无机矿物为骨料，采用高分子聚合物、无机胶凝剂或两者混合物作为黏结剂，辅以稳定剂、颜料等辅助剂，经过真空强力拌和震动、混合、浇注、加压成型、打磨抛光以及切割等工序制成的仿天然石材的板材。

（一）人造石材的特点

　　人造石材的质量轻、强度高；色彩丰富、色泽均匀，品质可控；结构紧密、耐磨、耐腐蚀性好；可直接制成弧形、曲面等形状；合理利用天然石材开采产生的巨量废料，变废为宝，推动石材资源的可持续发展；用途广泛，可用于地面、墙面、台面等部位。

（二）人造石材的分类

人造石材按照所用材料不同可分为树脂型人造石材、无机型人造石材、复合型人造石材、烧结型人造石材等。在此主要介绍装饰工程中常见的树脂型人造石材和无机型人造石材。

1. 树脂型人造石材

树脂型人造石是以树脂为黏结剂，与骨料、辅助剂等材料按照一定比例混合，经搅拌成型、研磨和抛光等工艺制成的装饰材料。树脂型人造石材具有力学性能好、颜色鲜艳丰富、可加工性强等优点。

树脂型人造石材按照生产所用骨料、树脂等主要原材料的不同，可分为人造石岗石、人造石英石、人造石实体面材等。

（1）人造石岗石

人造石岗石是以大理石、石灰石等天然石材的碎料、粉料为骨料，以不饱和聚酯树脂为黏结剂制成的材料。市场上常见的人造大理石即属此类。人造石岗石具有纹理美观、强度高、耐磨性好、耐腐蚀性、耐污染性好、吸水率低等特点，可作为室内地面、墙面和各类台面等部位的装饰材料。

（2）人造石英石

人造石英石是由90%以上的天然石英和10%左右的树脂、色料和其他助剂制成，简称石英石。其质地坚硬（莫氏硬度5-7）、结构致密（密度2.3g/cm^3），具有其他人造石材无法比拟的耐磨、耐压、耐高温、抗腐蚀、防渗透等特点，目前主要用于橱柜、吧台、工作台、窗台等部位的台面以及地面和墙面等（见图5-1-19、图5-1-20）。

图5-1-19　种类繁多的人造石英石

图 5-1-20　人造石英石用于橱柜台面

（3）人造石实体面材

人造石实体面材是以甲基丙烯酸甲酯（MMA，俗称压克力）、不饱和聚酯树脂（UPR）等有机高分子材料为基体，以天然矿石粉、颗粒为填料，加入颜料及其他辅助剂，经真空浇铸或模压成型的高分子复合材料。

人造石实体面材色彩丰富，吸水率低，强度高，耐腐蚀性、耐污染性较好，可加工性强，能应用加热弯曲和无缝拼接等成型工艺。它常用于各种台面，如洗手盆、水槽、浴缸等卫浴设施，也可以用于墙面的装饰（见图 5-1-21）。

图 5-1-21　种类繁多的人造石实体面材

2. 无机型人造石材

无机型人造石根据使用黏结剂的不同，可分为水泥基无机人造石和非水泥基无机人造石，常见的为水泥基无机人造石。

　　水泥基无机人造石是以各种水泥为黏结剂，以天然砂、石为粗细骨料，经配制、搅拌、震动以及压制成型、磨光和抛光等工序后制成人造石材。市场上常见的水磨石即属此类。

　　水磨石在生产方面具有取材方便、价格低廉的特点，在配料方面可以根据设计需要选择不同大小、种类的骨料和颜料。水磨石的色彩丰富，装饰效果好；强度高、施工方便，可用于室内的地面、墙面、柱面及各种台面，还可制成洗手盆、花盘、茶几等用品（见图 5-1-22）。

图 5-1-22　种类繁多的水磨石

　　水磨石可以预制成水磨石板，也可以现场制作。根据《建筑水磨石制品》（JC 507-1993），水磨石板按水磨石制品在建筑中的使用部位可分为墙面和柱面用水磨石（Q）；地面和楼面用水磨石（D）；踢脚板、立板和三角板类水磨石（T）；隔断板、窗台板和台面板类水磨石（G）。按制品表面加工程度分为磨面水磨石（M）、抛光水磨石（P）。

　　水磨石的常用规格尺寸为 300mm×300mm、305mm×305mm、400mm×400mm、500mm×500mm，也可由设计者、使用者与生产厂共同议定。水磨石按其外观质量、尺寸偏差和物理力学性能分为优等品（A）、一等品（B）和合格品（C）。

三、石材的施工工艺与构造

　　在装饰工程中，石材的常用安装的方式有两种：干挂和粘贴。

（一）石材干挂

　　石材干挂是指利用金属挂件将石材饰面板悬挂于结构支撑系统上，一般用于墙面石材的安装，多使用型钢组成结构支撑系统并固定于墙面上（见图 5-1-23）。

图 5-1-23　美术馆的干挂石材墙面

1. 干挂的种类

按构造方式的不同，石材干挂可分为缝挂式和背挂式。缝挂式是指金属挂件与石材饰面板的上下侧边连接，常用的挂件有 T 型、L 型、SE 型等。背挂式是指金属挂件与石材饰面板的背面连接，常用的挂件有 R 型、背栓等。在建筑工程中具体使用哪种方法和挂件要综合考虑石材的种类和墙面的高度而定，可参看《金属与石材幕墙工程技术规范》（JGJ 133-2001）（见表 5-1-2）。

表 5-1-2　　　　　　　　　　石材主要干挂件表

干挂形式	名称	挂件图示	使用方式示意	适用范围
缝挂式	T 型			适用于小面积内外墙
	L 型			适用于墙面上下收口处
	SE 型	S型 E型		适用于大面积内外墙

续表

干挂形式	名称	挂件图示	使用方式示意	适用范围
背挂式	R 型		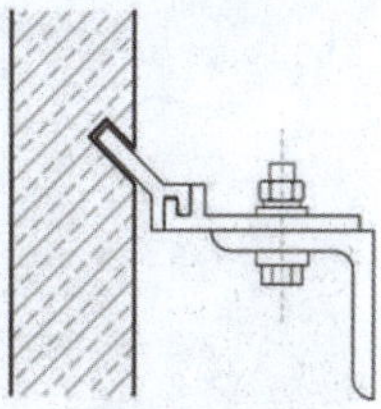	适用于大面积外墙
	背栓	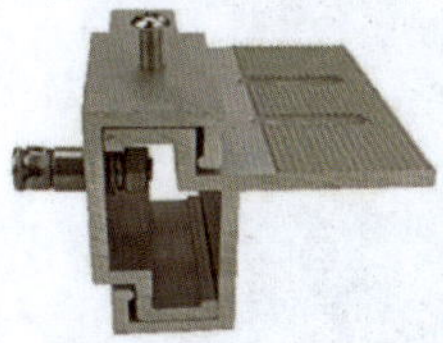	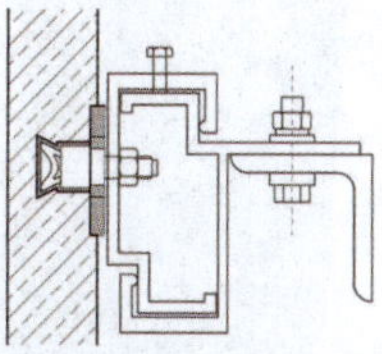	适用于大面积外墙
		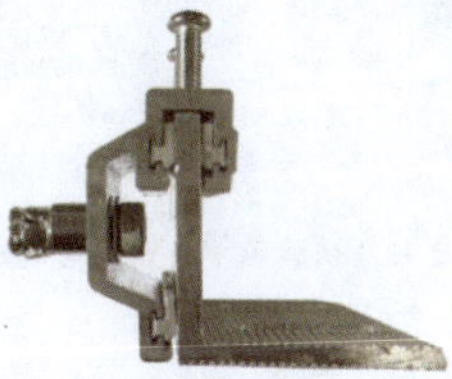	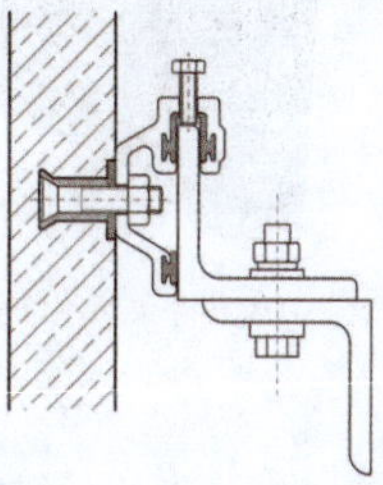	适用于大面积外墙

2. 干挂石材的施工工艺与构造

装饰工程中缝挂式安装法常用 T 型、L 型金属挂件，在此主要介绍此种方法的施工工艺与构造。

①放线。根据设计要求放线，确定石材墙面和立柱、横梁的位置。

②固定立柱。立柱常选用 6# 或 8# 的镀锌槽钢，槽钢立柱中线的间距一般不大于 1200mm，常为 1000mm。槽钢立柱必须与建筑的承重结构，即常见的钢筋混凝土剪力墙、柱子、地面、顶面、轻质隔墙上的构造柱和水平系梁，进行良好的固定连接。槽钢立柱与承重结构的连接方式如图 5-1-24、图 5-1-25 所示。型钢之间通过焊接连接。

③固定横梁。横梁通常采用镀锌角钢制成，角钢规格常选用 $\angle 40 \times 40 \times 4$ 和 $50 \times 50 \times 4$。型钢横梁的间距同石材宽度一致，两端与槽钢立柱焊接固定。焊接前要在横梁上按设计尺寸和位置预先钻好孔洞，为固定挂件做准备（见图 5-1-24）。

型钢支撑系统制作完成后，应检查焊缝质量并保障工艺合格，所有的焊点、焊缝均需除去焊渣及做防锈蚀处理，通常可涂刷防锈漆。

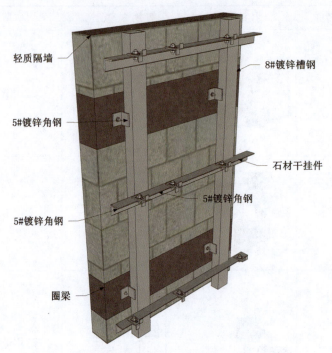

图 5-1-24　石材干挂型钢骨架三维图 1（立柱与墙体承重结构用角钢连接）

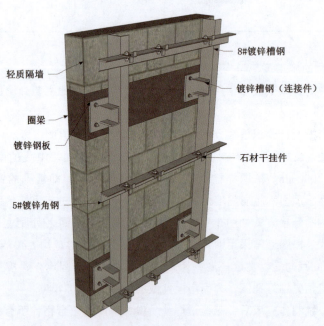

图 5-1-25　石材干挂型钢骨架三维图 2（立柱与墙体承重结构用槽钢连接）

如果石材干挂的基材是钢筋混凝土的剪力墙或柱子，且石材墙面面积不大，可不用立柱，代之以膨胀螺丝将镀锌角钢固定在墙面或柱子上（见图5-1-26）。

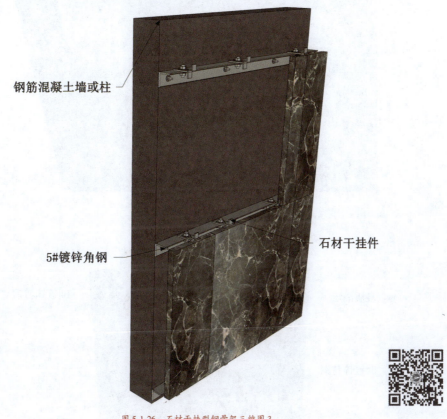

钢筋混凝土墙或柱

5#镀锌角钢

石材干挂件

图 5-1-26　石材干挂型钢骨架三维图 3

④石材安装。石材安装应在管线安装完后进行。石材要根据设计要求提前进行花纹预排版并涂刷防护剂。

首先对石材开槽。用手持电动磨切机开槽，在石材上下侧边各开切两个槽口，槽口不宜开切得过长过深，适于安装不锈钢干挂件即可。开槽后要将槽内粉尘吹净，使胶黏剂与石材能很好地黏接牢固。

然后在槽口内先灌注石材胶黏剂，胶黏剂为环氧树脂 A、B 结构胶，配比最好为 1∶1，安放就位后调节不锈钢干挂件固定在横梁上。干挂件通过螺栓与横梁连接，一般干挂件距离石材边沿 100mm～150mm（见图 5-1-27、图 5-1-28、图 5-1-29）。

最后封缝。根据设计要求处理板缝，板缝可分为密缝和留缝，留缝可以选择是否注胶或镶嵌金属条密封（见图 5-1-30）。

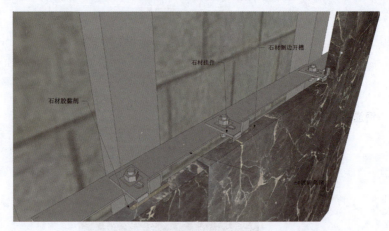

图 5-1-27　石材安装三维图

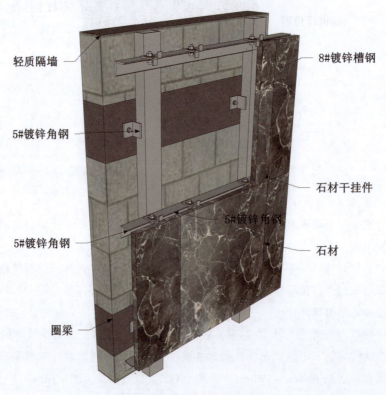

轻质隔墙

8#镀锌槽钢

5#镀锌角钢

石材干挂件

5#镀锌角钢

5#镀锌角钢

石材

圈梁

图 5-1-28　石材干挂墙面三维图

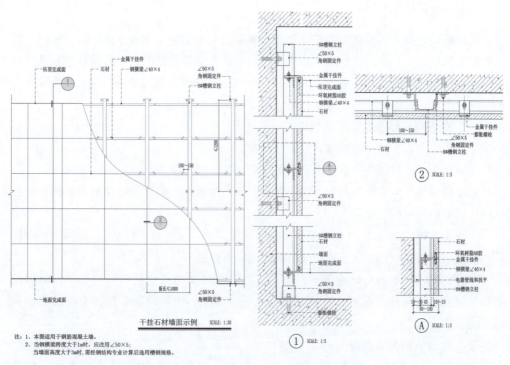

注：1、本图适用于钢筋混凝土墙。
2、当钢横梁跨度大于1m时，应改用∠50×5；
当墙面高度大于3m时，需经钢结构专业计算后选用槽钢规格。

图 5-1-29 石材干挂墙面立面及详图

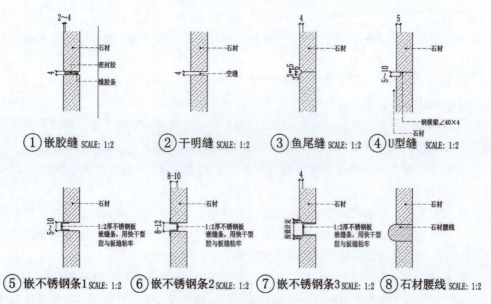

图 5-1-30 石材嵌缝节点

（二）石材粘贴

石材粘贴是指使用黏结剂将石材固定于基层，常见的黏结剂有水泥砂浆、胶泥、结构胶等。基层不同，使用的黏结剂就不同，如基层为水泥砂浆时，可采用水泥砂浆、胶泥（水泥胶）作为黏结剂；基层为人造板、金属等非水泥砂浆基层时，可用结构胶作为黏结剂。

1. 墙面石材粘贴施工工艺与构造

墙体为剪力墙，砖、砌块墙，型钢墙体等。

①预排版：石材铺贴前要根据设计要求进行花纹预排版。

②基层处理：将墙面的杂物清理干净。在剪力墙或砖、砌块墙上涂刷界面剂，增强基层与找平砂浆的黏结效果。

③找平：使用1∶3比例的水泥砂浆对墙面找平。

④放线：根据设计要求在墙面弹出标高线和分格线。

⑤石材粘贴：在石材背面满刮黏结剂，同时在墙面相应位置满刮黏结剂，然后把石材镶嵌到位，再用木槌或橡皮锤轻轻敲击石材表面，使其粘贴牢固，也能起到找平的作用。

瓷砖胶是一种具有高度黏结力的黏结剂，具有操作方便，工效较高，黏结性强，以及抗潮湿、耐高温、密封性好等特点。同时，瓷砖胶的粘贴厚度较薄，一般在10mm左右，可以节约室内空间。因此，工程中越来越多地使用胶泥替代水泥砂浆来粘贴石材。

⑥嵌缝：将石材表面打扫干净，清理缝隙中的多余的黏结剂，根据设计要求选用专用的石材填缝剂嵌缝（图5-1-31）。

2. 地面石材粘贴施工工艺与构造

①预排版：石材铺贴前要根据设计要求进行花纹预排版。

②基层处理：将地面上的浮浆、松动混凝土、砂浆等杂物清理干净，用钢丝刷刷掉水泥浆皮并打扫干净，然后涂刷界面剂。

③找平：根据设计要求在墙面弹出水平线。使用1∶3干硬性水泥砂浆对地面找平。

④石材粘贴：根据设计要求在地面弹出分格线。在石材背面满刮黏结剂，再用毛刷沾水湿润砂浆表面，将石板对准铺贴位置并使板块四周同时落下，再用木槌或橡皮锤将石材敲击平实，随即清理板缝内的水泥浆。

⑤嵌缝：地面石材经过养护后，可根据设计要求选用专用的石材填缝剂嵌缝。

⑥打蜡：以上工序完成后，地面石材可进行打蜡处理，使石材表面呈现光滑洁亮的效果（见图5-1-32）。

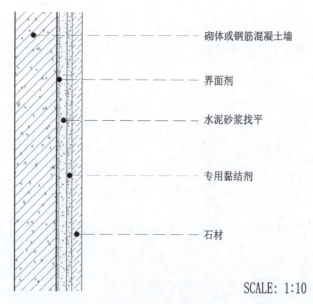

SCALE: 1:10

图 5-1-31 墙面石材铺贴节点图

砌体或钢筋混凝土墙

界面剂

水泥砂浆找平

专用黏结剂

石材

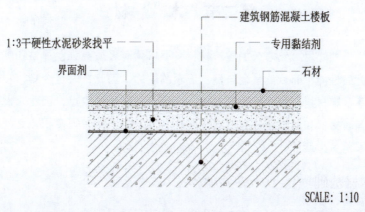

SCALE: 1:10

图 5-1-32 地面石材铺贴节点图

建筑钢筋混凝土楼板

专用黏结剂

石材

1:3干硬性水泥砂浆找平

界面剂

3. 石材干黏法施工工艺与构造

石材干黏法是近些年在装饰工程中常用的施工工艺，具有施工简便、有效改善施工环境、增大室内使用面积等优点，多用于粘贴薄石材，尤其适合各种石材饰线、饰条的安装。干黏法常用于室内面积不大的墙面，或固定家具、窗台、平台等部位的台面。

石材干黏法一般选用环氧树脂 A、B 双组份结构胶，胶的质量必须满足国家建材行业标准《干挂石材幕墙用环氧胶粘剂》（JC887-2001），配比最好为 1∶1，用小铲刀翻拌均匀，涂抹在石材背面和基层上，再将石材粘贴在基层即可（图 5-1-33）。

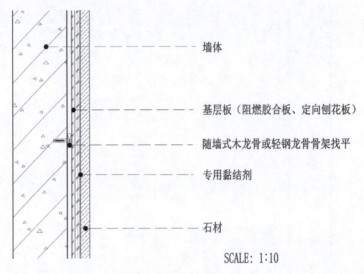

墙体

基层板（阻燃胶合板、定向刨花板）

随墙式木龙骨或轻钢龙骨骨架找平

专用黏结剂

石材

SCALE: 1:10

图 5-1-33　墙面石材干黏节点图

第二节　木　　材

　　木材作为一种使用历史悠久的建筑材料，不仅具有轻质高强、弹性和韧性高、加工性好等诸多优良性能，而且能呈现自然、温暖的质感，因此，时至今日，它仍然是一种常用的建筑及装饰材料。但木材也有易燃、易腐、易变形等缺点，因此人们研发出人造板、木饰面等新材料和新工艺来克服这些问题。竹材与木材有很多相似之处，故在本节一同讲解，不再另起章节。

一、木材基础

　　人类使用木材营造建筑已有悠久的历史，尤其在我国传统建筑中，木材一直是一种重要的建筑材料，无论是梁、柱等大木作，还是门、窗、家具等小木作，皆以木材为主，形成了独特的偏爱木材的文化基因。在如今钢筋混凝土等工业材料大行其道的时代里，木材以质朴、温馨的装饰效果，为现代空间带来一份自然韵味和气息（见图 5-2-1）。

（一）木材的分类

　　木材按树种进行分类，一般分为针叶树和阔叶树两大类。针叶树纹理直、木质较软、易加工、变形小。阔叶树质密、木质较硬、加工较难、易翘裂、纹理美观，适用于室内装修。

图 5-2-1　以木材为主要建材的中国传统建筑

1. 针叶树

针叶树树叶细长如针，多为常绿树，树干通直高大，纹理平顺，材质均匀，木质较软而易于加工，故又称软木材。针叶树木强度较高，表观密度和胀缩变形较小，耐腐蚀性较强，被广泛应用于承重构件及装饰部件。常用的针叶树有红松、落叶松、马尾松、云杉、冷杉、柏木等。

2. 阔叶树

阔叶树树叶宽大，大多为落叶树，树干通直部分一般较短，不易得大材。阔叶树材一般表观密度较大，材质较硬，较难加工，故又称硬木材。阔叶树材的缺点是易胀缩、翘曲和开裂。其中具有美丽天然纹理的树种，特别适用于室内饰面装饰、家具饰面装饰等。常用的阔叶树有樟木、水曲柳、柚木、榉木等（见图 5-2-2）。

（二）木材的基本性质

1. 密度、强度

木材的表观密度因树种不同而有所差异，平均约为 550 kg／m^3，其顺纹抗拉强度和抗弯强度平均在 100MPa 左右，因此，木材属于轻质高强材料，具有很高的实用价值。

2. 含水率

木材的含水率是指木材中所含水的质量与木材干燥后质量的百分比值。木材的含水率较高，通常来说，刚采伐的木材含水率在 60% 以上。

木材的干缩和湿胀与含水率的变化息息相关，且会对于木材的使用会产生十分不利的影响，如导致变形、开裂等。木材中所含的水分会随环境温度和湿度的变化而改变。当木材长时间处在一定的温度和湿度的空气中，含水量最终会与周围环境的湿度达到平

图 5-2-2　多种多样的木材

衡，此时的含水率称为平衡含水率。

3. 燃烧性能

木材为可燃材料，通常情况下防火性能差，但经过特殊加工处理后可提高其燃烧性能等级。值得注意的是，软木材比硬木材更易燃烧。

二、木制品

（一）实木型材

实木型材是指采用完整的原木制成的方材、圆材、板材等制品，可用于建筑的承重结构，也可用于装饰装修，如建筑的梁、柱、楼梯、门窗、扶手、家具等。实木型材一般按照原木材名称分类，没有统一的标准规格，可根据设计要求定制，在装饰工程中常着力表现其天然的纹理，营造质朴、自然的空间氛围（见图 5-2-3）。

实木材的连接方式有榫卯连接、木钉连接、螺栓连接、胶连接等，这些连接方式可单独使用，亦可组合使用。

（二）防腐木

防腐木是指具有抗腐蚀、防潮、防真菌、防虫蚁、防霉变等特性的木材。防腐木分为天然防腐木和人工防腐木两种。天然防腐木是自然界中一些天然木材，其本身具有优良的防腐性能，如柚木、红雪松、菠萝格、巴劳木等。人工防腐木是指将普通木材经过

图 5-2-3　餐厅的实木型材框架

防腐处理，使其具有抗腐蚀、抗腐朽等特性，常用于制作人工防腐木的木材有俄罗斯樟子松和北欧赤松（见图 5-2-4）。

图 5-2-4　防腐木

人工防腐木主要采取两种防腐处理方式：一种是以人工方式向普通木材中添加化学防腐剂，经过化学处理的防腐木呈浅绿色。另一种是热处理，是将普通木材的有效营养成分炭化，通过切断腐朽菌生存的营养链来达到防腐的目的，以这种工艺生产的木材叫做炭化木，又称热处理木，是不含化学防腐剂的防腐木，因此更环保。炭化木的颜色为深褐色，不能像其他种类的防腐木可涂刷和着色，无法改变本身的颜色（图 5-2-5）。

图 5-2-5　碳化防腐木

　　防腐木一般应用于户外，如木地板、木栈道、花箱、花架、栏杆、景亭、户外家具等。因其独特的色彩与质感，现在也逐渐应用于建筑外观和室内装饰（见图 5-2-6）。

图 5-2-6　防腐木铺装地面

　　防腐木铺装地板是装饰工程中常见的做法，通常采用架空式的铺贴方法（见图 5-2-7）。

（三）木塑

　　木塑，即木塑复合材料（Wood Plastic Composites，缩写为 WPC），也称塑木、生态木，是以木粉、稻壳、秸秆等植物纤维为基础材料，以聚丙烯（PP）、聚乙烯（PE）、聚氯乙烯（PVC）等为胶黏剂，通过混合、挤压、模压、注塑成型等塑料加工工艺，生产出的仿木材的板材或型材。木塑产品包括地板、护墙板、方通、方柱、

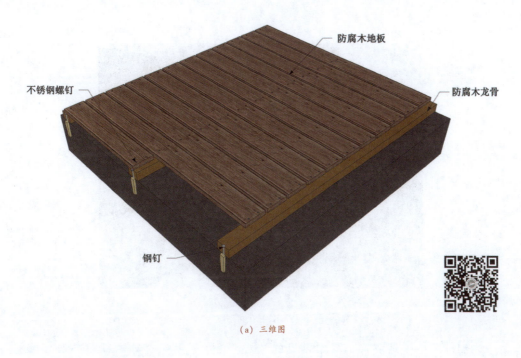

（a）三维图

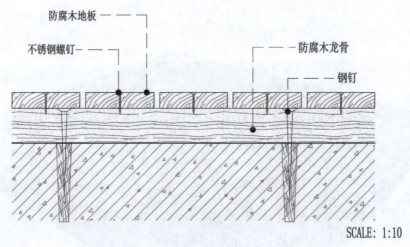

SCALE: 1:10

（b）节点图

图 5-2-7　防腐木地板铺装

格栅板等。

　　木塑产品具有与原木类似的外观和加工性能，可钉、可钻、可切割、可粘接，也可用钉子或螺栓连接固定，施工非常方便。它克服了天然木材的很多缺陷，具有稳定性好、防火、防水、耐腐蚀、不被虫蛀、不长真菌、维护费用低等优点，已成为防腐木的优良替代品（见图 5-2-8）。

图 5-2-8　木塑铺装地面

　　木塑铺装地板是装饰工程中常见的做法，通常采用架空式的铺贴方法（见图 5-2-9）。

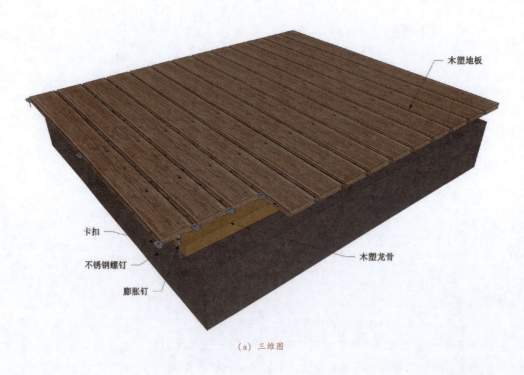

（a）三维图

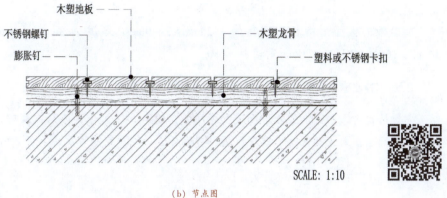

SCALE: 1:10

（b）节点图

图 5-2-9 木塑地板

（四）指接板

指接板是由小块实木板拼接而成的板材，属于实木板的类型。指接板中的小木板竖向上通过指榫（榫头的一种，呈锯齿状）连接，类似两手手指交叉对接，故称指接板。小木块间多以白乳胶黏接。指接板既可以节约木材，又能保留木材的天然纹理，同时也更易于加工（见图 5-2-10）。

图 5-2-10 指接板

指接板有上漆和不上漆之分。不上漆指接板是用户安装完毕后再上油漆，而上漆指接板是指生产商在其生产过程中就涂上了漆。

指接板的板面规格长宽通常为 1220mm×2440mm，厚度为 8mm、10mm、12mm、14mm、16mm、18mm、20mm 等。

（五）木地板

木地板是由原木经加工处理而成的木质装饰材料。作为一种高级的室内装饰材料，木地板具有自重轻、弹性好、纹理自然、质感舒适、冬暖夏凉等优点，长久以来备受消费者的青睐（见图 5-2-11）。

图 5-2-11　木地板铺装地面

木地板从传统的实木地板发展至今，已由单一的实木材质发展为涵盖众多材质。按地板的结构和材料来分，木地板可分为实木地板、复合木地板、软木地板及竹地板等。

1. 实木地板

实木地板是以天然木材为原料，不经过任何黏结剂处理，通过烘干、锯解等加工手段制作成型的地板。实木地板常用的树木有水曲柳、橡木、胡桃木、樱桃木、桦木、柚木等（图 5-2-12）。目前常用的实木地板主要有拼花木地板和条木地板。拼花木地板样式繁多，可以根据设计要求组合成多种图案，艺术效果好（见图 5-2-13）。如图 5-2-13 所示的条木地板是最常用的实木地板，其常见的铺装（见图 5-2-15）。

实木地板非常环保，拥有天然原木纹理和色彩，它冬暖夏凉，脚感舒适，是非常理想的装饰材料，但其价格普遍较高。

按照地板铺设的要求，实木地板拼缝处有平头、企口及锁扣三种拼缝方式（见图 5-2-16）。

图 5-2-12　种类繁多的实木地板

图 5-2-13　拼花木地板

图 5-2-14　条木地板

2. 复合木地板

由于木材存在构造不均匀、易变形开裂、易腐易燃等缺陷，且因优质树木生长缓慢、成材不易等，所以，节约使用木材资源和应用新工艺是十分重要的。复合木地板作为一种能够节约资源、克服实木缺陷的装饰材料，得到了广泛的开发和应用。复合木地板分为实木复合木地板和强化复合木地板两种。

（1）实木复合木地板

实木复合木地板是以实木拼板或单板为面板，以实木拼板、单板或胶合板为芯层或底层，经过不同组合层压加工而成的地板。常以面板树种来确定地板名称。常见的实木复合地板可分为三层实木复合地板和多层实木复合地板两种。

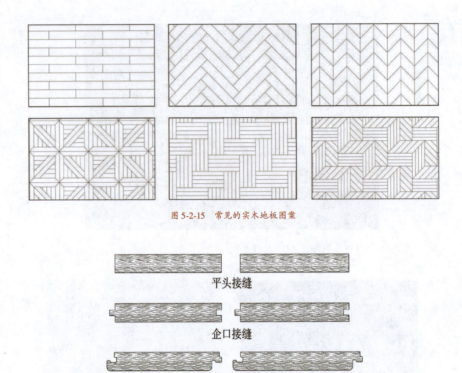

图 5-2-15　常见的实木地板图案

平头接缝

企口接缝

锁扣接缝

图 5-2-16　实木木地板拼缝

实木复合木地板是将原木加工成薄板，然后把不同数量的薄板，用胶水粘贴起来，并通过高温热压而制成的木地板。

三层实木复合地板包括面板、芯层和底层三层结构。面板为实木拼板或单板，采用水曲柳、橡木、胡桃木、柚木等质地坚硬、纹理美观的优质树种，厚度为 2~4 mm，表面为漆面耐磨层。芯层采用价格低廉的软木材，如杨木、松木、杉木等，制成厚度为 7~12mm 的木条。底层采用旋切的速生木材或中硬杂木的单板，厚度为 2~4mm（见图 5-2-17）。

多层实木复合地板是以实木拼板或单板为面板，以胶合板为基材制成的地板。面板同样采用质地坚硬、纹理美观的优质树种，厚度不小于 0.6mm，表面为漆面耐磨层。作为基材的胶合板采用生态环保的速生木材或者廉价的小径材料、杂材等各种木材，材料来源广，成本低，同时具有弹性好、保暖性好的优点（见图 5-2-18）。

实木复合地木板表面采用优质木材，保留了木材的天然纹理和质感，节约了优质木材，同时克服了实木地板的缺陷，也降低了造价，成为广泛使用的木地板材料。

（2）强化复合木地板

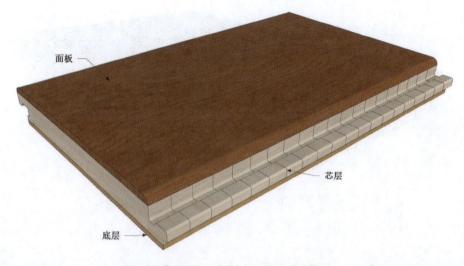

面板

芯层

底层

图 5-2-17　三层实木复合地板结构图

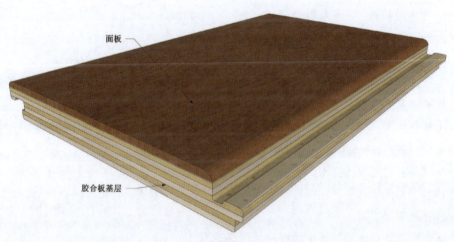

面板

胶合板基层

图 5-2-18　多层实木复合地板结构图

　　强化复合木地板的标准术语为浸渍纸层压木质地板，是以一层或多层专用纸浸渍热固性氨基树脂，铺装在刨花板、高密度纤维板等人造板基材表面，背面加防潮平衡层、正面加耐磨层，经热压、成型而制成的地板（见图 5-2-19）。

　　强化复合地板具有耐磨、易于清洁、安装方便、性价比高等优点，但其木纹不自然，脚感差，且抗潮性能较差，是档次较低的木地板。

　　3. 木地板的规格

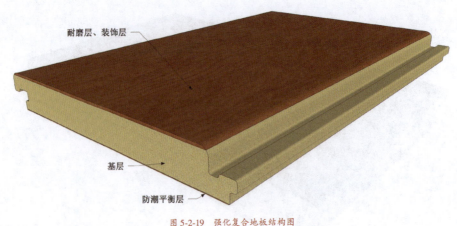

耐磨层、装饰层

基层

防潮平衡层

图 5-2-19　强化复合地板结构图

木地板的规格较多，可选择范围广。一般实木地板的板面尺寸较小，复合地板的板面尺寸较大。实木地板的厚度在 18mm 左右，实木复合地板的厚度在 15mm 左右，强化复合地板的厚度在 11mm 左右。

4. 木地板的施工工艺和构造

木地板的铺装可分为实铺式和架空式两种方法。

（1）实铺式铺装法

实铺式铺装法施工简便，工期短，铺装效果好，是实木复合地板、强化复合地板广泛使用的铺装方式。

①基层处理：将地面上的浮浆、松动混凝土、砂浆等杂物清理干净，用钢丝刷刷掉水泥浆皮，并打扫干净，然后涂刷界面剂。

②找平：根据设计要求在墙面弹出水平线。使用 1∶3 水泥砂浆对地面找平，其上再应用水泥自流平找平。实铺式铺装法对地面的平整度要求高，地面必须找平。

③铺防潮垫。

④在防潮垫上直接铺装木地板（见图 5-2-20）。

（2）架空式铺装法

实木地板吸水率较高，为了防止其受潮、发霉，常使用龙骨架空的方法铺装。龙骨的种类有很多，最常用的是木龙骨。在潮湿的环境中，实木复合、强化复合地板也可使用这种方式来铺装。

①基层处理：将基层清理干净，然后涂刷界面剂。

②放线：在基层上弹出木龙骨的安装位置线，在墙面弹出标高线。

③安装龙骨：木龙骨规格常用 30mm×40mm、40mm×50mm，需做防腐、防火处理。龙骨中距为 400mm。地面钻孔并钉入木楔，再将龙骨钉入木楔固定。

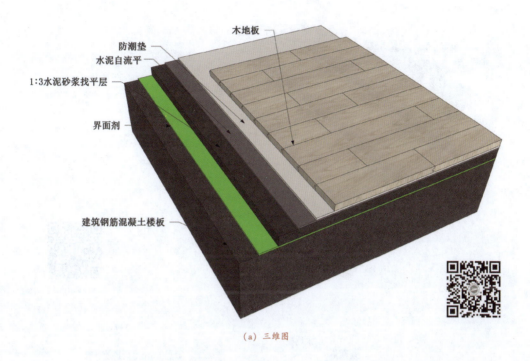

（a）三维图

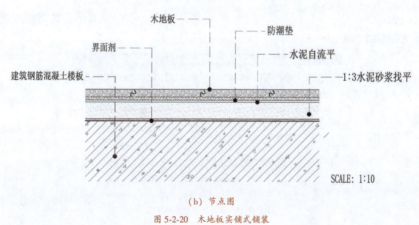

SCALE: 1:10

（b）节点图

图 5-2-20 木地板实铺式铺装

④铺防潮垫。

⑤安装木地板。木地板可以直接在防潮垫上铺装。

为了加固木地板、加强防潮效果，可以在木龙骨上铺装胶合板，胶合板需做防腐、防火处理，或选用阻燃胶合板，在胶合板上铺防潮垫，其上安装木地板。此时木龙骨中距约为 800mm。这种铺装方式具有防潮性能好、脚感舒适的优点，但造价较其他方式高（见图 5-2-21）。

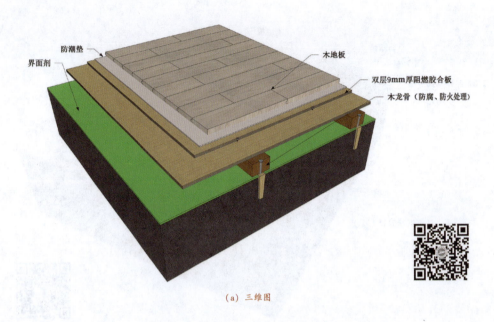

（a）三维图

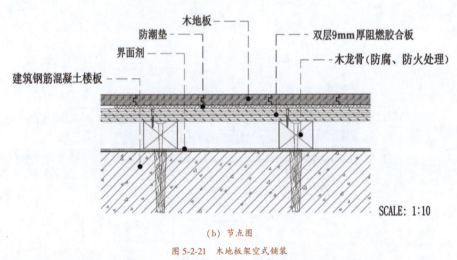

（b）节点图

图 5-2-21　木地板架空式铺装

（六）薄木贴面人造板

1. 薄木贴面人造板

薄木贴面人造板是以优质树种（如水曲柳、橡木、黄菠萝、柞木、花梨木、柚木等），通过精密刨切，制得厚度为 0.2~0.8mm 的薄木（天然木皮），再以胶合板、纤维板、刨花板等人造板为基材，经过胶粘、热压等工艺制成的装饰面板。薄木贴面人造板不仅保留了木材的天然纹理，而且节约了优质木材，改善了木材的缺陷（见图 5-2-22）。

图 5-2-22　天然木皮

　　常规的薄木贴面人造板是以天然木皮为面层，以胶合板为基材，板面规格长宽通常为 1220mm×2440mm，厚度为 2.7mm、3.0mm、3.2mm、3.6mm 等。

　　装饰工程中常见的木饰面多以天然木皮为面层，以厚度不低于 9mm 胶合板为基材，经过胶粘、热压、表面处理等工艺制成的装饰板材。其规格可按设计要求定制，一般板面长度不大于 2440mm，宽度不大于 1220mm，胶合板厚度为 9mm、12mm（见图 5-2-23）。

图 5-2-23　木饰面

　　2. 人造薄木贴面人造板

　　为了进一步节约优质木材，降低木饰面的成本，市场上出现了以人造薄木代替天然木皮制作薄木贴面人造板，常见的人造薄木也称科技木皮。科技木皮学名为重组装饰材（Engineered Wood），又叫重组木、仿真珍贵木，是利用仿生学原理，通过对普通木材（速生材）进行高科技加工、重组美化处理而制成的新型材料，可以模拟优质天然木皮的纹理和色泽。

　　科技木皮的本质还是木材，它既保留了优质天然木材的自然属性，又在加工过程中避免了天然木材固有的节疤、虫洞、色差、腐朽等自然缺陷，是优质的装饰材料。

使用科技木皮为面层，以胶合板为基材制作的人造薄木贴面人造板常称为科定板，其规格同薄木贴面人造板相同。

3. 浸渍胶膜纸饰面人造板

为了更进一步节省木材，降低木饰面的成本，市场上出现了以浸渍胶膜纸代替木皮，制作浸渍胶膜纸饰面人造板。浸渍胶膜纸饰面人造板是以浸渍胶膜纸为面层，以纤维板、刨花板、胶合板、细木工板等人造板材为基材制成的装饰板材。

三聚氰胺饰面板是其中的代表产品，其全称是三聚氰胺浸渍胶膜纸饰面人造板，是将带有不同颜色或纹理的纸放入三聚氰胺树脂胶黏剂中浸泡，然后干燥到一定的固化程度，再将其铺装在刨花板纤维板、胶合板、细木工板等人造板材表面，经热压而制成的装饰板。对于这类板材，行业内也有生态板、免漆板等多种称谓（见图5-2-24）。

图 5-2-24　三聚氰胺饰面板

三聚氰胺饰面板具有耐高温、耐酸碱、耐潮湿、防火等特性，且表面不易变色、起皮，广泛用于橱柜、衣柜、卫浴柜等板式家具领域。但其木纹不自然，是档次较低的木饰面。

三聚氰胺饰面板板面规格长宽通常为1220mm×2440mm，厚度在18mm左右。

4. 木饰面的施工工艺和构造

木饰面的安装主要有胶黏式和干挂式两种方法。

（1）胶黏式

胶粘式是指采用强力胶、免钉胶等胶黏剂将木饰面粘贴在基层板（胶合板、定向刨花板、细木工板等）上。这种做法常用于厚度不超过4mm的薄木贴面人造板，若粘贴面积较小，其他种类的饰面板也可以使用。为了增强木饰面的牢固性，可用蚊钉将木饰面固定在基层板上，钉眼使用色膏修补即可。

胶黏式施工工艺具有加工方便、施工快捷、安装成本低、节约室内空间等优点。但要注意胶的品质，以保证黏结力和环保性（见图5-2-25、图5-2-26）。

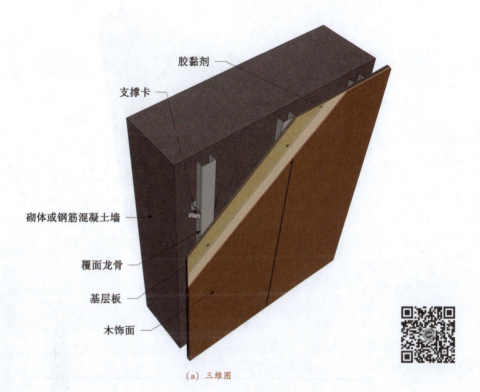

胶黏剂

支撑卡

砌体或钢筋混凝土墙

覆面龙骨

基层板

木饰面

（a）三维图

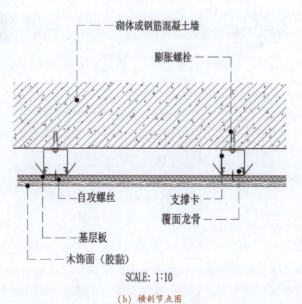

砌体或钢筋混凝土墙

膨胀螺栓

自攻螺丝

支撑卡

覆面龙骨

基层板

木饰面（胶黏）

SCALE: 1:10

（b）横剖节点图

图 5-2-25　木饰面胶黏砌体或钢筋混凝土墙体

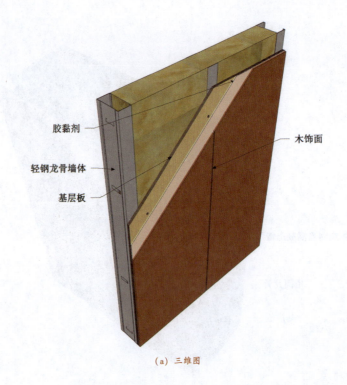

胶黏剂

木饰面

轻钢龙骨墙体

基层板

（a）三维图

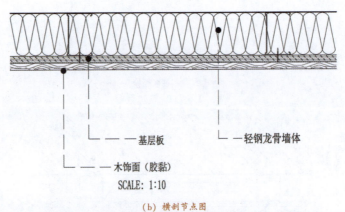

基层板　　　　轻钢龙骨墙体

木饰面（胶黏）

SCALE: 1:10

（b）横剖节点图

图 5-2-26　木饰面胶黏轻钢龙骨墙体

（2）干挂式

干挂式是采用干挂件将木饰面固定在基层上。干挂件分上下两部分，分别固定在木饰面和基层上，且上部分挂在下部分上。按材质分，干挂件可分为木挂件和金属挂件两种（见图 5-2-27）。木挂件原料来源较广，如大芯板、胶合板皆可，其成本低，使用广泛，但防火、防潮性差，使用时要进行三防处理。金属挂件常为铝合金材质，其强度高、耐久性好，防火、防潮性好，但成本较木挂件高。

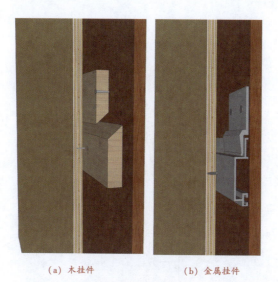

(a) 木挂件　　　　(b) 金属挂件

图 5-2-27　木饰面干挂件

　　干挂式施工工艺的安全性高，耐久性好，可拆卸，适合木饰面厚度超过 9mm 的大面积铺装（见图 5-2-28、图 5-2-29、图 5-2-30）。

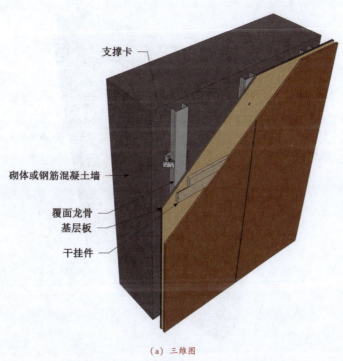

支撑卡

砌体或钢筋混凝土墙

覆面龙骨
基层板

干挂件

(a) 三维图

图 5-2-28　木饰面干挂砌体或钢筋混凝土墙体（1）

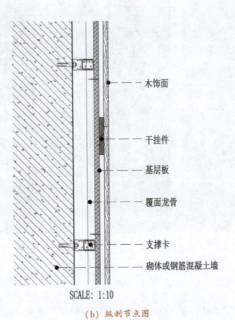

木饰面

干挂件

基层板

覆面龙骨

支撑卡

砌体或钢筋混凝土墙

SCALE: 1:10

（b）纵剖节点图

图 5-2-28　木饰面干挂砌体或钢筋混凝土墙体（2）

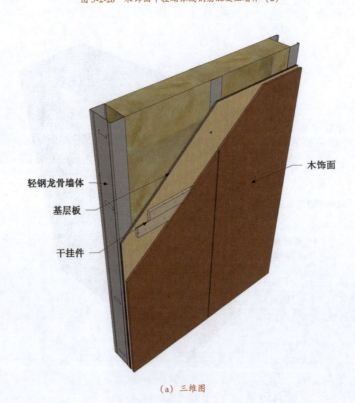

轻钢龙骨墙体

基层板

干挂件

木饰面

（a）三维图

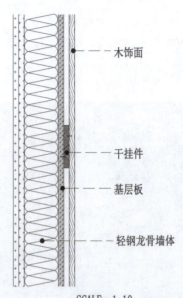

木饰面

干挂件

基层板

轻钢龙骨墙体

SCALE: 1:10

（b）纵剖节点图

图 5-2-29　木饰面干挂轻钢龙骨墙体

图 5-2-30　酒店木饰面墙面

（七）软木

软木来自栓皮栎的树皮，因为其质地轻软，故而俗称软木。软木的厚度一般为 4～

5cm，优质软木的厚度可在 10cm 以上，其断面有天然纹理，呈淡土黄色。软木原材料可重复采摘，周期约为 9 年，树木的生命周期为 150 年，一棵成木可进行十多次的树皮采剥（见图 5-2-31）。

图 5-2-31　栓皮栎树皮

软木是一种性能独特的天然材料，具有多种优良的物理性能和稳定的化学性能，如柔软、回弹性强、比重较轻、导热系数低、密封性好、无毒无臭、不易燃烧、耐腐蚀不霉变，并具有一定的耐强酸、耐强碱等特性。

1. 软木制品的分类

（1）天然软木制品

软木经蒸煮、软化、干燥后，会采用直接切割、冲压、旋削等方法加工成成品，如木塞、木垫、木质工艺品等。市场上高档红酒的瓶塞通常是用天然软木冲压而成的（见图 5-2-32）。

（2）烘焙软木制品

天然软木制品的剩料经粉碎再压缩成型，通过专业设备高温熏蒸，使软木颗粒膨胀并释放天然的树脂黏合形成软木砖，再通过打磨切割，制成软木板。烘焙软木制品一般不添加任何胶水、色料、阻燃剂或其他化学合剂，环保性能好（见图 5-2-33）。

（3）胶结软木制品

将软木细粒和粉末、胶黏剂混合后，经压制制成胶结软木制品，如常见的软木墙板、软木地板等（见图 5-2-34）。

2. 软木墙板、软木地板的施工工艺和构造

（1）软木墙板的施工工艺主要采用粘贴法

首先将墙面找平，墙面的基层可以是腻子层，也可以是乳胶漆层，然后将软木墙板粘在墙面即可，可以使用万能胶作为黏结剂。

（2）软木地板的施工工艺分为粘贴式和锁扣式

图 5-2-32 软木瓶塞　　　　图 5-2-33 软木砖　　　　图 5-2-34 软木板

粘贴式软木地板为纯软木地板，是一种软木薄板，厚度在 4mm 左右。铺贴粘贴式软木地板时要求地面平整，若为混凝土地面则需要用水泥自流平找平，然后在其上涂抹专用胶水，再粘贴软木地板即可。

锁扣式软木地板是一种复合地板，表层和底层为软木板，芯层为高密度板。锁扣式软木地板和复合木地板应遵循同样的安装工艺（见图 5-2-35）。

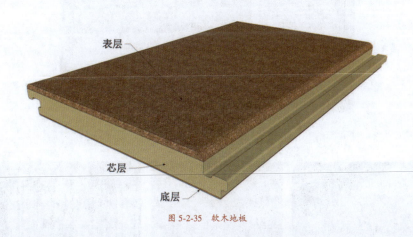

图 5-2-35 软木地板

（八）竹材

竹子广泛分布在热带、亚热带地区，东亚、东南亚和印度洋及太平洋岛屿上最为集中。竹子的种类很多，生长迅速，一般只需 3~4 年就可以成材，且采伐后还可以再生。竹子具有抗拉、抗压、抗弯强度好等优点，是一种优质的木材代替材料。

竹子枝干挺拔、修长，枝叶四季青翠，被中国人视为优雅、挺拔、坚韧的象征，与梅、兰、菊并称为四君子，与梅、松并称为岁寒三友，古今文人墨客爱竹咏竹者众多。

人类利用竹子的历史非常悠久，其应用非常广泛，可以营造建筑、搭建桥梁，也可以编织各种生活用具，如竹篮、竹筐、竹席、竹家具等（见图5-2-36）。近年来，随着传统文化的复兴，竹制品被广泛应用于室内装饰（见图5-2-37）。也有一些设计师对传统的竹编工艺进行现代化演绎，并成功地运用于室内装饰（见图5-2-38）。

图 5-2-36　竹编器物

图 5-2-37　竹条在店面装饰的应用

（a）竹编　　　　　　　　（b）竹编与空间结合　　　　　　　（c）竹编屏风

图 5-2-38　竹编在室内设计的应用

室内装饰中常用的竹制品还有竹地板。竹地板是将天然竹材加工成形状相同的竹板，经过高温蒸煮等工艺，脱去竹材的糖分、脂肪、淀粉、蛋白质等成分，再用胶黏剂将竹板拼接，施以高温高压制成坯板，坯板侧边开榫条和槽口，最后在地板表面覆盖保护漆膜而制成的板材。竹地板的质感天然，性能稳定，工艺简便，又具有很好的耐磨、防腐、防虫蛀、防霉变等特性，是很好的地面装饰材料（见图 5-2-39）。

图 5-2-39　竹地板

（九）木丝板

木丝板是将木材加工时产生的短小废料刨制成木丝，经过化学溶液的浸透，以水泥为黏合剂，拌和后入模成型并经加压、热蒸、凝结、干燥等工艺而制成（见图 5-2-40）。木丝板具有轻质、防火性能好（燃烧性能等级 B_1），保温、隔声、吸声、防潮效果好，加工方便等优点，可用作剧场、影院、会议室、教室、图书馆等空间的吸音材料。木丝板具有独特的质感和丰富的色彩，也是很好的饰面装饰材料（见图 5-2-41）。

图 5-2-40　木丝板

木丝板板面规格通常为长宽 1220mm×2440mm，厚度为 15mm、20mm、25mm 等。木丝板可采用粘贴和木钉等方式固定。

图 5-2-41　餐厅的木丝板吊顶

第三节　金　属

　　作为一种建筑材料，金属有着悠久的历史。自工业革命以来，金属材料在建筑领域发挥了巨大作用，设计师用它建造出诸如埃菲尔铁塔、西格拉姆大厦、范斯沃斯住宅等优秀的建筑作品。

　　金属材料具有强度高，耐久性、耐腐蚀性、耐火性好等优点，并以其独特的质感和光泽，成为室内设计中重要的饰面装饰材料，被广泛使用在墙面、柱面、顶棚、门窗、楼梯、栏杆等部位。

一、金属基础

（一）金属分类

1. 按材料性质分类

按材料性质的不同，金属材料通常分为黑色金属和有色金属材料两大类。

①黑色金属材料：主要是指以铁、铬、锰为基本成分的金属及其合金材料，如生铁、钢、铸铁、合金钢等。

②有色金属装饰材料：是指除黑色金属以外的所有金属及其合金材料。常见的有金、银、铝和铝合金、铜和铜合金，等等。

2. 按材料形状分类

按材料形态的不同，金属材料可分为板材、型材、金属网等。

①金属板材：平板状的材料，由金属、合金以及非金属复合材料制作而成，常见的有铁板、钢板、不锈钢板、铝合金板、铝塑板、铜板等。

②金属型材：由金属及其合金经过热轧等工艺制成的、有一定截面形状和尺寸的条形材料，常见的有型钢、铝合金型材和铜合金型材。

③金属网：金属网是将优质不锈钢丝、铝合金丝、铜丝等金属经过多种工艺编织而成的网状材料。

（二）金属加工工艺

常见的金属加工工艺有铸造、锻造、切削、焊接等。

①铸造：将金属熔化成液态，然后浇注到模具内，经过冷却凝固后得到预定形状、尺寸的铸件。

②锻造：利用锻压机械对金属坯料施加压力，使其产生塑性变形，以获得具有一定形状和尺寸的锻件的加工方法。

③切削：使用刀具在金属坯料上切除多余部分的加工工艺。常见的有切割、车、铣、镗、刨、磨等工艺。

④焊接：是以高温、高压等方式将分离的金属牢固地连接起来的加工方法。

二、金属制品

（一）钢材

钢是以铁为主要元素、含碳量一般在2%以下，并含有其他元素的铁碳合金。钢材作为一种非常重要的建筑材料，具有强度高、塑性和韧性好、易加工和装配等优良特性。建筑中用的钢材包括各种型材、钢板和用于钢筋混凝土结构中的各种钢筋、钢丝等。装饰工程中使用较多的是型材和钢板。前面章节已经讲过型材可用于支撑结构，当用于支撑结构的型材裸露在空间中也同样是饰面装饰材料，当然也可以将型材仅作为饰面装饰材料（见图5-3-1）。

图 5-3-1　售楼处中的型钢展架

1. 普通钢板

普通钢板的加工性能良好，可以根据设计要求进行切割、折叠、弯曲而制成出多种形状，可以冲孔、激光雕刻出各种图案，表面还可以涂装彩色漆，这些工艺都使钢板具有很好的装饰效果（见图 5-3-2）。

图 5-3-2　建筑幕墙中的梅花形图案穿孔白色涂装钢板

图 5-3-3　建筑幕墙中的弯曲穿孔白色涂装钢板

2. 耐候钢板

耐候钢又名"耐腐蚀钢"或"考顿钢"，是介于普通钢和不锈钢之间的低合金钢系列。耐候钢由普碳钢添加少量铜、镍等耐腐蚀元素而制成，具有优质钢的强韧、塑延、易于成型、焊割，耐磨蚀、耐高温等特性，在耐候性、涂装性方面要优于普碳钢。

耐候钢具有耐锈性能，在自然气候下，其表面会生锈，锈层和基体之间形成一层致密和附着性很强的氧化层，这一特殊氧化层可阻碍大气中氧和水向基体渗入，保护锈层下面的基体，以减缓其腐蚀速度。常见的耐候钢通过使用化学处理的手段（生锈液）快速做锈（3 个小时即可形成均匀锈层）。

耐候钢表面呈现均匀自然的锈红色，具有突出的视觉表现力，而且随着时间的推进，其颜色会越来越深。钢板锈蚀产生的粗糙表面，使其装饰物更富体积感和质量感（见图 5-3-5、图 5-3-6）。

图 5-3-4 弯曲切割的橙色涂装钢板楼梯

图 5-3-5 耐候钢旋转门和幕墙

图 5-3-6　耐候钢展柜

耐候钢板薄板厚度通常在 1.5mm ~ 4mm，中板厚度为 4mm ~ 20mm，厚板厚度为 20mm ~ 60mm。现代耐候钢建筑幕墙多采用 3mm 左右的耐候钢板，其施工工艺与铝单板墙面安装类似。其他一些耐候钢制成的简易装置，多直接采用焊接工艺。

3. 不锈钢

不锈钢是在钢的冶炼过程中，加入铬（Cr）、镍（Ni）等元素，形成以铬元素为重要元素的合金钢，这种钢材克服了普通钢材在常温下或潮湿环境中易发生腐蚀的缺陷，提高了钢材的耐腐蚀性，故而命名。通常不锈钢的铬元素的含量需达 12% 以上。

（1）不锈钢的分类

按其化学成分的不同，不锈钢可分为铬不锈钢、铬镍不锈钢、铬锰氮不锈钢等；按耐腐蚀特点的不同，不锈钢可分为普通不锈钢（简称不锈钢）和耐酸钢两类；按金相组织的不同，不锈钢可分为奥氏体不锈钢、铁素体不锈钢、马氏体不锈钢、奥氏体—铁素体（双相）不锈钢和沉淀硬化不锈钢。

美国钢铁学会是用三位数字来标示各种标准级的可锻不锈钢的。其中：

①奥氏体型不锈钢用 200 和 300 系列的数字标示，例如，某些较普通的奥氏体不锈钢是以 201、304、316 以及 310 为标记。

②铁素体和马氏体型不锈钢用 400 系列的数字表示。

③铁素体不锈钢是以 430 和 446 为标记，马氏体不锈钢是以 410、420 以及 440C 为标记。

④双相（奥氏体—铁素体），不锈钢、沉淀硬化不锈钢以及含铁量低于 50% 的高合金通常是采用专利名称或商标命名。

其中，304 不锈钢具有较好的耐腐蚀性，价格适中，在装饰工程中被广泛使用。

（2）不锈钢制品

装饰工程中较常使用的不锈钢制品有饰面板、不锈钢条、型材等。为了增强不锈钢的视觉表现力，可对不锈钢进行机械、化学等方式加工，制成镜面不锈钢、拉丝不锈钢、喷砂不锈钢、腐蚀不锈钢等，有各种图案的冲孔板、激光雕刻板，经过轧制而形成各种凹凸花纹或形状的不锈钢板，具有多种颜色的彩色不锈钢，等等（见图 5-3-7）。

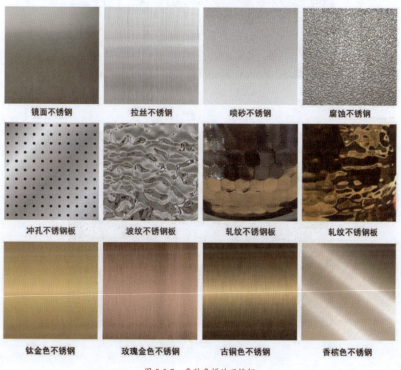

镜面不锈钢　　拉丝不锈钢　　喷砂不锈钢　　腐蚀不锈钢

冲孔不锈钢板　　波纹不锈钢板　　轧纹不锈钢板　　轧纹不锈钢板

钛金色不锈钢　　玫瑰金色不锈钢　　古铜色不锈钢　　香槟色不锈钢

图 5-3-7　多种多样的不锈钢

不锈钢饰面板在装饰工程中应用最广泛，一般为厚度不超过 2mm 的薄板，常用的有 1.2mm、1.5mm 薄板，可用于室内墙面、柱面及顶面装饰，门窗套、幕墙、家具、台面装饰等。不锈钢条常用于装饰线条和收口条。不锈钢型材可用于制作栏杆、扶手、隔断等（见图 5-3-8 至图 5-3-12）。

（3）不锈钢饰面板的施工工艺与构造

不锈钢饰面板的价格较高，常使用厚度较小的薄板以降低成本，为了保证其表面的平整度，通常需要以基层板衬底，如胶合板、镀锌钢板、铝板、铝蜂窝板等。对于面积不大的墙面、顶面，可以使用黏结剂将不锈钢饰面板固定在基层板上（胶合板、定向刨花板、细木工板等）。这种方式施工简便，板面平整度较好（见图 5-3-13、图 5-3-14）。

不锈钢饰面板也可以像铝单板一样用于墙面的装饰，其施工工艺与铝单板墙面安装类似。

图 5-3-8 镜面不锈钢墙面、柱面

图 5-3-9 波纹不锈钢顶面

图 5-3-10 不锈钢接待台

图 5-3-11　不锈钢门套及装饰条

图 5-3-12　不锈钢隔断

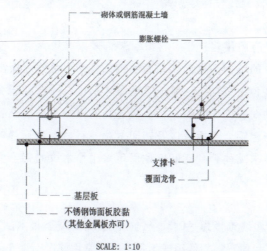

SCALE: 1:10

图 5-3-13　不锈钢饰面板胶黏砌体或钢筋混凝土墙体节点图

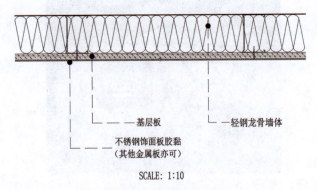

基层板　　　轻钢龙骨墙体

不锈钢饰面板胶黏
（其他金属板亦可）

SCALE: 1:10

图 5-3-14　不锈钢饰面板胶黏轻钢龙骨墙体节点图

（二）铝及铝合金

铝是一种具有银白色光泽的轻金属，密度小（2.72g/cm³），熔点低（660.4℃），导电、导热性能优良，具有极好的塑性、延展性和较低的强度，易于加工成型。铝在空气中容易与氧气发生化合反应，会在表面生成一种防止腐蚀的氧化物薄膜，因此通常呈银白色或者银灰色。

纯铝的强度、硬度低，在纯铝中添加镁、铜、锰、硅、锌等合金元素形成的铝基合金，其力学性能得到了明显的改善，同时还保持了质量轻的特性，因此在许多领域得到了广泛的应用。建筑上常用的有铝合金门窗、铝合金饰面板、铝合金型材、铝合金龙骨以及以铝合金为主材的复合材料等。

1. 铝合金饰面板

铝合金饰面板具有质量轻、耐久性好、装饰效果好等优点，在装饰工程中得到广泛应用，常用于建筑的墙面、柱面、顶面的装饰。铝合金饰面板常用厚度不超过4mm的薄板，也可通过多种方式加工，制成镜面铝合金板、拉丝铝合金板、喷砂铝合金板等，有各种图案的冲孔板、激光雕刻板，经过轧制出的各种凹凸花纹或形状的铝合金板，有多种颜色的彩色铝合金板，以及转印木纹、石材、真石漆等模拟其他材质的铝合金板。对于防火要求高的公共空间，顶面可采用仿木纹的铝合金饰面板替代木饰面（见图5-3-15）。

（1）铝单板

铝单板是以铝合金装饰板为基础，经过数控折弯等成型技术加工成盒状板材，主要由盒状铝板、加强筋和角码等部件组成。铝单板的常用厚度有1.5mm、2.0mm、2.5mm、3.0mm等，用于建筑幕墙多采用2.5mm、3.0mm厚度，用于室内墙面、顶面多采用1.5mm、2.0mm厚度（见图5-3-16）。

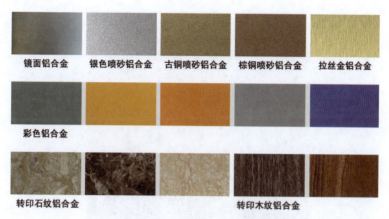

镜面铝合金　银色喷砂铝合金　古铜喷砂铝合金　棕铜喷砂铝合金　拉丝金铝合金

彩色铝合金

转印石纹铝合金　　　　　　　　转印木纹铝合金

图 5-3-15　多种多样的铝合金饰面板

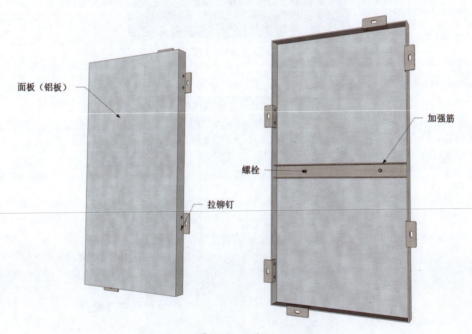

面板（铝板）

加强筋

螺栓

拉铆钉

图 5-3-16　铝单板

（2）铝单板施工工艺与构造

在装饰工程中，铝单板常用螺丝固定于骨架上。骨架的制作与施工工艺与石材干挂相似。骨架制作完成后，用钻尾螺丝通过角码将铝单板固定在骨架上。单板之间的缝隙用橡胶条或泡沫条填充，再用耐候胶作密封处理（见图 5-3-18）。

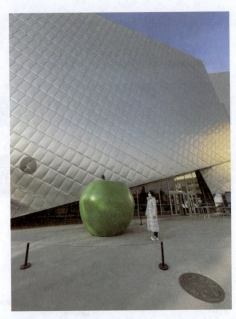

图 5-3-17　铝单板幕墙

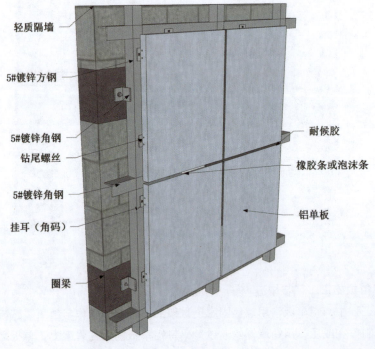

轻质隔墙

5#镀锌方钢

5#镀锌角钢

钻尾螺丝

5#镀锌角钢

挂耳（角码）

圈梁

耐候胶

橡胶条或泡沫条

铝单板

（a）三维图

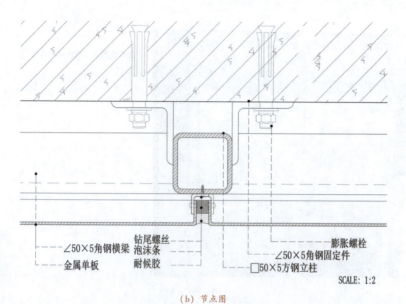

（b）节点图

图 5-3-18　铝单板嵌缝墙面

铝单板也可做密封安装，首先将第一张铝单板固定在骨架上，再将下一张铝单板一侧的角码插入固定好的单板内且不用螺丝固定，其余三侧的角码则用螺丝固定在骨架上，随后的单板都依此方式来固定（见图 5-3-19）。

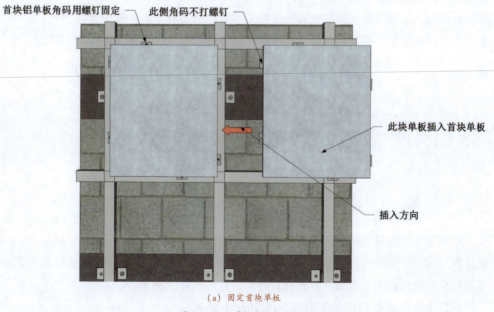

（a）固定首块单板

图 5-3-19　铝单板密缝墙面（1）

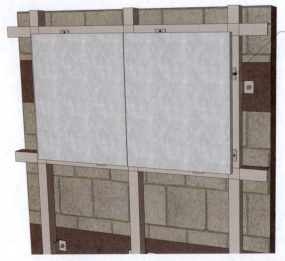

此单板其余三侧以螺钉固定

（b）固定第二块单板

图 5-3-19　铝单板密缝墙面（2）

2. 铝塑复合板

铝塑复合板又称铝塑板，是由多层材料经过一系列加工工艺复合而成的装饰材料。其上下层为高纯度铝合金板，芯层为无毒低密度聚乙烯（PE）板，面层的铝合金板表层涂覆氟碳树脂（PVDF）涂层。铝塑复合板由金属和非金属组成，它既保留了原组成材料的特性，又克服了原组成材料的缺点，呈现出诸多优点，如质轻、强度高、刚性好，耐久性、耐腐蚀性、抗冲击性好，加工性能优良，易切割、易截剪、易折边、易弯曲，而且价格比铝合金饰面板低，颜色和纹理丰富，装饰效果好（见图 5-3-20）。

图 5-3-20　铝塑复合板

铝塑复合板也可以像铝合金饰面板，通过多种方式加工，制成镜面铝塑板、拉丝铝塑板等、有多种颜色的彩色铝塑板、仿木纹、石材、真石漆等模拟其他材质的铝塑板，采用阳极氧化处理的铝塑板可以呈现玫瑰金、黄铜色等金属光泽。

铝塑复合板板面规格长宽通常为 1220mm×2440mm，厚度为 3mm、4mm、6mm 等。铝塑复合板用于建筑幕墙时，一般选用不小于 4mm 厚度；用于室内装饰时，一般选用

3mm 厚度。

　　铝塑复合板墙面、顶面的安装主要有粘贴固定和单板形式固定两种方式。

　　①粘贴法是用结构胶将铝塑复合板直接粘贴在基层板上，室内常用胶合板、细木工板等作为基层，室外或潮湿的室内环境要用水泥板做基层，以避免基层腐蚀。板缝间用耐候胶密封（见图 5-3-21、图 5-3-22）。

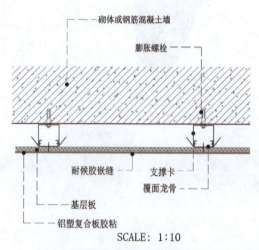

图 5-3-21　铝塑复合板粘贴墙面节点图

图 5-3-22　铝塑复合板店面装饰

　　②铝塑复合板也可以制作成铝单板的形状，单板固定的施工工艺同铝单板类似，且适合大面积使用。

　　3. 铝合金吊顶产品

　　铝合金吊顶是采用铝合金为基材，经过机械加工成型，其后在表面进行装饰和保护性处理而制成的装饰材料，主要用于顶面。常见的产品有铝方通、铝格栅、铝扣板、铝挂板、铝挂片、铝条扣等。其表面通过多种方式加工，可以呈现出不同颜色，形成带有各种图案的冲孔板，也可呈现仿木纹、仿石材、仿其他金属光泽等效果（见图 5-3-23）。

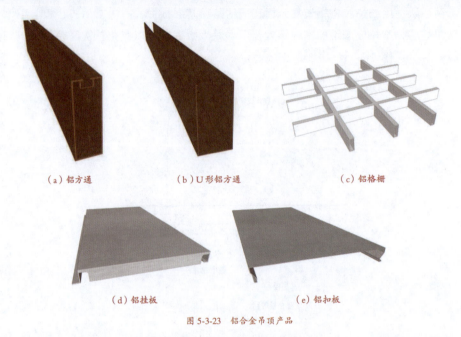

（a）铝方通   （b）U 形铝方通   （c）铝格栅

（d）铝挂板   （e）铝扣板

图 5-3-23   铝合金吊顶产品

安装铝合金吊顶产品时，一般将它固定在轻钢龙骨吊顶骨架上，不同的产品可选用不同的龙骨体系。其安装主要有两种方式，一种是依靠自身结构挂在骨架上，另一种是依靠单独的挂件固定在骨架上。铝合金吊顶主要使用轻钢龙骨吊顶骨架（见图 5-3-24 至图 5-3-27）。

吊杆

U 形铝方通专用龙骨

转印木纹 U 形铝方通

图 5-3-24   U 形铝方通吊顶三维图

图 5-3-25　铝方通吊顶三维图

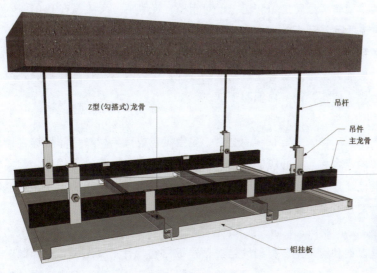

图 5-3-26　铝挂板吊顶三维图

（三）铜及铜合金

铜是我国历史上使用最早用途较广的一种有色金属。纯铜表面经过氧化会形成紫红色的氧化铜薄膜，故称紫铜。铜的密度为 $8.92g/cm^3$，熔点 1083℃，具有良好的导电性、导热性、耐蚀性及延展性、易加工性，可压延成薄片和线材，是性能优异的止水材料和导电材料，但纯铜的强度低。

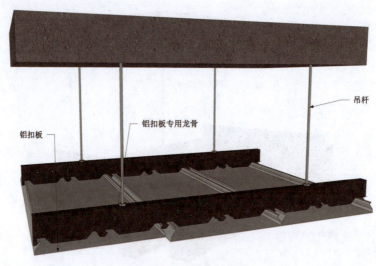

图 5-3-27　铝扣板吊顶三维图

（图中标注：吊杆、铝扣板专用龙骨、铝扣板）

　　纯铜的主要有害杂质是铅和铋，但可用磷、锰脱氧。含氧量在 0.01% 以下的称为纯铜。纯铜的牌号用字母"T"和数字序号表示，如 T1、T2、T3、T4，编号越大，其纯度越低。无氧铜用 TU 表示，磷、锰脱氧铜用 TUP 和 TUMn 表示。

　　在铜中掺加锌、锡、镍等元素制成铜合金，可以改善和提高纯铜的强度、硬度等性能。铜合金主要包括黄铜、白铜和青铜。

　　1. 黄铜

　　黄铜是以铜和锌为主要材料的合金，呈金黄色或黄色，其色泽随锌含量的增加而变淡。铜和锌的合金称为普通黄铜，为了改善黄铜的强度、韧性等性能，除了铜、锌，再添加某些其他元素，便形成特殊黄铜。黄铜耐腐蚀性好，不易生锈，延展性较好，易于加工成各种建筑五金、装饰制品、机械零部件等（见图 5-3-28）。

　　2. 白铜

　　白铜是以铜和镍为主要材料的合金，呈银白色，有金属光泽。铜和镍的合金称为普通白铜，加入锰、铁、锌、铝等元素的白铜称为复杂白铜。工业用白铜分为结构白铜和电工白铜两大类。结构白铜的特点是机械性能和耐蚀性好，色泽美观；电工白铜一般有良好的热电性能（见图 5-3-29）。

　　3. 青铜

　　青铜是以铜和锡为主要材料的合金，因呈青黑色而得名，现在一般将黄铜和白铜以外的所有铜合金均称为青铜。根据含锡量和含铜量不同，青铜的机械性质和加工性能会有变化。青铜是我国历史上重要的合金，古人创造了辉煌的青铜时代，留下来很多工艺精湛、器型优美的青铜兵器、礼器、雕塑等（见图 5-3-30）。

图 5-3-28　黄铜

图 5-3-29　白铜

图 5-3-30　青铜器

铜自古以来就是高档的装饰材料，许多的庙宇、宫殿以铜饰装点，很多雕塑采用铜制作。在现代建筑中，铜常用于高档装饰工程中少量"点睛"的部位，如楼梯的扶手、栏杆、门把手、陈设品、收口条、五金件等（见图 5-3-31 至图 5-3-33），也常以薄板的形式用于墙面、顶面等部位的装饰，施工工艺同其他金属薄板一致。

（四）金属网

金属网根据材料、表面处理工艺和编织工艺的不同，可以形成多种色彩和纹理，装饰效果十分丰富。

金属网具有一定柔韧性，同布艺帘一样可以弯折，且垂度好。但金属网比布艺帘更通透，耐久性好，更具表现力，且属于不燃性材料，使用范围更广，多适合公共空

图 5-3-31　家具上的铜装饰

图 5-3-32　铜制门把手

图 5-3-33　铜饰品

间使用。

　　金属网可分为金属网帘、金属环网、螺旋金属网、金属网布等，广泛用于空间分隔以及立面、顶面装饰（见图5-3-34至图5-3-38）。

图 5-3-34　金属网贴面

图 5-3-35　金属网隔断

图 5-3-36　金属网幕墙

图 5-3-37　金属网墙面

图 5-3-38　金属网顶面

第四节　玻　　璃

玻璃是一种透明材料，早期在建筑上主要作为采光材料使用，随着玻璃生产技术的不断发展和人们需求的多样性变化，玻璃的功能也由单一的采光和围护功能转向多功能，继而出现了不同种类、性能和用途的玻璃制品，其中许多产品以其优良的物理性能和装饰效果，成为应用十分广泛的室内外装饰材料。

一、玻璃基础知识

玻璃是用石英砂、纯碱、长石、石灰石等作为主要原料，在 1550～1600℃ 高温下熔融、成型，并经快速冷却而成的非结晶体固体材料。为了改善玻璃的某些性能或满足一些特殊的使用要求，常常在玻璃生产过程中加入某些辅助性原料（如助熔剂、着色剂等）或经特殊工艺处理，制成具有特殊性能的玻璃。

（一）玻璃的成分

玻璃的化学成分较为复杂，其主要成分为 SiO_2、Na_2O、CaO，此外还含有少量 Al_2O_3、MgO 及其他化学成分，这些成分对玻璃的性质起着十分重要的作用。

（二）玻璃的基本性质

1. 玻璃的密度

玻璃的密度与其化学成分有密切关系，不同种类的玻璃密度差别很大，且会随温度升高而降低。例如，在常温下，普通玻璃的密度为 $2.45～2.55g/cm^3$，防辐射铅玻璃的密度为 $4.2g/cm^3$。

2. 玻璃的光学性质

玻璃具有优良的光学性质，当光线入射玻璃时，玻璃可以透射光线、反射光线和吸收光线。透过玻璃的光能与入射光能之比称为透光率，是玻璃的基本性能指标。一般而言，玻璃的透光率与其厚度成反比，与其颜色深度成反比。玻璃的反射光能与入射光能之比称为反射系数。玻璃的反射系数与其表面光滑程度成正比，与光线入射角成反比。玻璃吸收的光能与入射光能的比值称为吸收率。玻璃的吸收率与其化学成分和颜色相关。

3. 玻璃的热工性质

（1）导热性

玻璃的导热系数很低，在常温下远低于各种金属制品，与陶瓷制品相当，但随着温度的上升，其导热系数会增大。玻璃的导热性还与其密度、颜色和化学成分有关。

（2）热膨胀性

玻璃的热膨胀系数的大小取决于其化学成分和纯度，不同成分的玻璃，其热膨胀性差别很大。一般来说玻璃的纯度越高，其热膨胀系数越小。

（3）热稳定性

热稳定性决定玻璃在剧烈温度变化下抵抗破裂的能力。玻璃的热稳定性主要受热膨胀系数的影响，热膨胀系数越小，热稳定性越高。此外，玻璃越厚、体积越大，其热稳定性就越差。热稳定性与导热系数的平方根成正比。

4. 玻璃的力学性质

玻璃的抗压强度因其化学成分的不同而差异极大，一般在 600~1600MPa。抗拉强度通常为抗压强度的 1/14~1/15，为 40~120MPa。玻璃的弹性模量为 60000~75000MPa，为钢的 1/3，是脆而易碎的材料。玻璃的硬度一般在莫氏硬度 4~7，因其加工方法和化学成分的不同而不同。

5. 玻璃的化学性质

玻璃的化学性质主要是指玻璃的化学稳定性。玻璃是具有较高的化学稳定性的材料，通常情况下，它对多数酸、碱、盐、化学试剂及气体都有较强的抵抗能力，但长期遭受侵蚀性介质的腐蚀，也会导致变质和破坏。

二、玻璃制品

（一）平板玻璃

平板玻璃是指未经其他加工的平板状玻璃制品，又称白片玻璃或净片玻璃，具有透光、挡风雨、保温、隔声等优点，具有一定的机械强度，性脆且紫外线通过率低。平板玻璃的生产量最大、使用量最多，是通过深加工制成各种玻璃制品的基础材料。

平板玻璃的生产工艺有多种，主要有垂直引上法、水平引拉法、对辊法、浮法等，现在国内外普遍使用浮法生产玻璃，即浮法玻璃。

根据国家标准《平板玻璃》（GB 11614—2009）的规定，平板玻璃按颜色属性分为五色透明平板玻璃和本体着色平板玻璃，按外观质量分为优等品、一等品和合格品三个等级，按厚度可分为 2mm、3mm、5mm、6mm、8mm、10mm、12mm、15mm、19mm、22mm、25 mm。

（二）安全玻璃

根据 2003 年发布的《建筑安全玻璃管理规定》，安全玻璃是指符合现行国家标准的钢化玻璃、夹层玻璃及由钢化玻璃或夹层玻璃组合加工而成的不同玻璃制品，如安全中空玻璃等。

1. 钢化玻璃

钢化玻璃又称强化玻璃，是将平板玻璃通过物理钢化或化学钢化方法来处理，以达到提高玻璃性能的目的。钢化玻璃的强度高，其抗冲击强度和抗弯强度是同等厚度平板玻璃的 3~5 倍，因此而具有较高的安全性，当钢化玻璃受强大外力冲击时，会破碎成无数小玻璃碎片，这些玻璃碎片没有尖锐棱角，不易伤人（见图 5-4-1）。钢化玻璃具有良好的热稳定性，可以承受 200℃的温差变化。

钢化玻璃因其优良的性能，在汽车制造业、船舶制造业、建筑业等行业中得到广泛的应用。在建筑及装饰行业中，钢化玻璃普遍应用于门窗、幕墙、隔断、家具、表面装

图 5-4-1 破碎的钢化玻璃

饰等（见图 5-4-2 至图 5-4-4）。

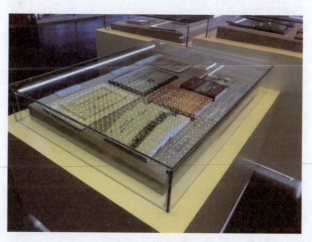

图 5-4-2 钢化玻璃展柜

钢化玻璃也有一定的缺点，在使用中要特别注意。它的加工性能差，不能再进行切割、钻孔等加工，在装饰工程中要先按设计要求对玻璃进行加工，然后再进行钢化处理。钢化玻璃的强度虽远胜于普通玻璃，但是它存在自爆的风险，而普通玻璃则无此隐患。

2. 夹层玻璃

夹层玻璃是指两片或多片玻璃原片之间嵌夹有机聚合物胶片，经加热、加压，使玻璃和中间膜永久黏合为一体而制成平面或曲面的复合玻璃制品。夹层玻璃的原片可采用

图 5-4-3　钢化玻璃幕墙

图 5-4-4　钢化玻璃隔断

平板玻璃、钢化玻璃、彩色玻璃、吸热玻璃或热反射玻璃等。夹层玻璃的胶片有 PVB、SGP、EVA、PU 等，一般采用 PVB（聚乙烯醇缩丁醛）（见图 5-4-5）。

最常见的夹层玻璃采用透明的钢化玻璃做原片，透明 PVB 做为胶片，也常称为夹胶玻璃。夹胶玻璃的层数有 2、3、5、7 层，最多可达 9 层，对于两层夹胶玻璃，原片厚度一般常用 2mm+2mm、3mm+3mm、3mm+5mm、5mm+5mm、6mm+6mm 等。夹胶玻璃的透明性好，因中间夹有 PVB 胶片，极大地提高了其抗冲击强度，且安全性更高，当它受强大外力冲击时，玻璃即使碎裂，碎片也会被粘在胶片上，其表面仍保持整洁光滑，从而有效防止了碎片扎伤和砸伤人员的事故发生，确保了人身安全（图 5-4-6）。

夹层玻璃还可以根据不同空间的需求，选用不同的胶片制作出遮阳夹层玻璃、防紫外线夹层玻璃、隔声玻璃等具有特殊功能的玻璃。

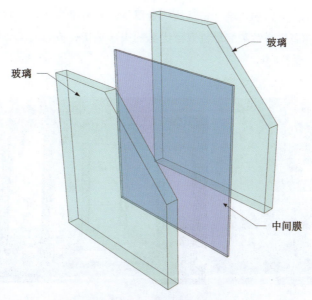

图 5-4-5　夹层玻璃

图 5-4-6　玻璃碎片粘在胶片上

（三）装饰玻璃

1. 夹层玻璃

前面讲到夹层玻璃可作为一种安全玻璃，已得到广泛使用，同时，它也具有较好的装饰性能，如根据设计的需求，选用不同颜色的 PVB 胶片制作出彩色夹层玻璃。除此之外，夹层玻璃中间还可以加入纸、布、丝、金属丝、石材等众多薄片状材料，形成非常丰富的表现力。拥有安全性和装饰性双重优势的夹层玻璃，成为时下非常流行的装饰材料（见图 5-4-7 至图 5-4-9）。

图 5-4-7　夹布夹层玻璃

图 5-4-8　夹丝夹层玻璃

2. 彩色玻璃

彩色玻璃又称为有色玻璃，是在玻璃原料中加入一定量的金属氧化物作为着色剂，按平板玻璃的生产工艺进行加工生产而成，如加入二氧化锰，玻璃会呈紫色，加入氧化钴则呈蓝色，加入氧化镉则呈黄色，加入氧化铜则呈红色等。着色剂量的多少、熔制时间和熔制温度都会不同程度地影响玻璃颜色的深浅，这使得彩色玻璃的颜色呈现效果非常丰富。彩色玻璃还可以进一步深加工而形成钢化、磨砂、夹层、中空等特殊性能的玻璃（见图 5-4-10）。

图 5-4-9　夹席夹层玻璃

图 5-4-10　彩色渐变磨砂玻璃

彩色玻璃还具有以下特性：

①吸收太阳光辐射。如 6mm 蓝色玻璃能挡住 50% 左右的太阳辐射能，因此有色玻璃也称为吸热玻璃。

②吸收可见光。如 6mm 普通玻璃可见光透过率为 78%，同样厚度的古铜色玻璃仅为 26%。

③吸收太阳光紫外线。它能有效减轻紫外线对人体和室内物品的损害。

④玻璃的色泽经久不变。

3. 印刷玻璃

印刷玻璃，又称为印花玻璃、打印玻璃，是基于印刷技术发展出的装饰玻璃。在玻璃上印刷图案主要有两种方法：丝网印刷和 UV 平版印刷。丝网印刷工艺相对复杂，劳动效率较低，制作多种颜色的图案费时耗力。UV 平版印刷采用先进的喷墨印刷型高科技数码印制设备直接在玻璃上打印图案。不论是简单的单色图案，还是复杂的多色图案或具有渐变色的图案，都无须制版、晒版和重复套色，直接打印出来且打印出的图案色彩艳丽丰富、效果逼真，具有防水、防晒、耐磨损、不褪色等优点。UV 平版印刷的制作工艺简单方便，产品装饰效果好，现已成为主要的玻璃印刷工艺（见图5-4-11）。

图 5-4-11　印刷玻璃

平板玻璃、钢化玻璃、磨砂玻璃等多种玻璃上都可印刷图案。

4. 釉面玻璃

釉面玻璃是指在玻璃表面涂敷一层彩色易熔性色釉，经加热至釉料熔融，使釉层与玻璃永久黏结在一起，再经退火或钢化等不同热处理工艺而制成的装饰玻璃。玻璃原片可采用平板玻璃、磨光玻璃、玻璃砖等。

釉面玻璃是一种功能性和装饰性兼有的玻璃制品。它具有良好的化学稳定性，耐热、耐磨、耐酸碱，且不吸水、易清洁，色彩永不褪色脱落。釉面玻璃的装饰性好，其颜色和图样丰富，并可根据需要进行定制（见图5-4-12）。

5. 毛玻璃

毛玻璃是指经研磨、喷砂或氢氟酸溶蚀等加工工艺，使玻璃表面（单面或双面）形成均匀粗糙的毛面，又称磨砂玻璃。

以硅砂、金刚砂等为研磨材料，加水后经过手工研磨或者砂轮研磨制成的毛玻璃，称为磨砂玻璃。用空气压缩机和喷枪将硅砂、金刚砂等研磨材料喷射到玻璃表面而制成的毛玻璃，称为喷砂玻璃。喷砂玻璃又可分为喷砂毛玻璃和喷砂花玻璃。喷砂毛玻璃和磨砂玻璃一样，表面有均匀的粗糙面。喷砂花玻璃是先在玻璃表面贴上裁切

图 5-4-12 釉面玻璃

好图案的贴纸，然后再进行喷砂，喷完后玻璃表面留下图案的痕迹，贴纸下的玻璃表面则保留镜面效果，其余为毛面效果。喷砂花玻璃可以制作出丰富的图案，增强了毛玻璃的装饰性。

由于其表面粗糙，光线通过毛玻璃后会产生漫反射，从而形成半透明的雾面效果，达到透光不透视的作用，还可以使光线变得柔和，避免眩光的出现，故常用于厨房、卫生间、办公室的门窗及隔断等有私密性要求的场所，还可以作为灯箱透光片使用（见图5-4-13）。

6. 压花玻璃

压花玻璃又称花纹玻璃或者滚花玻璃，是在平板玻璃硬化之前用刻有花纹的滚筒，在玻璃单面或两面压制而成的。其表面因此形成深浅不一的各种花纹与图案，具有良好的装饰效果。并且光线透过玻璃时会产生漫射，故也能达到透光不透视的作用，其透视性还会因花纹疏密的不同而产生变化。压花玻璃常用于厨房、卫生间、办公室的门窗及隔断等。

压花玻璃的花纹与图案较多，常见的有海棠纹、瓦楞纹、布纹、水波纹、钻石纹、雨花纹、木纹等（见图5-4-14）。时下流行的长虹玻璃也是压花玻璃的一种，它凭借简洁的线条、美丽的光影赢得人们的喜爱，成为颇受欢迎的装饰材料（见图5-4-15）。

7. 热熔玻璃

图 5-4-13　磨砂玻璃

图 5-4-14　钻石玻璃

图 5-4-15　长虹玻璃

热熔玻璃是一种具有立体感的艺术玻璃，依托玻璃热加工工艺制成——以平板玻璃和混合着色剂为主要原料，加热到玻璃软化，再用特制的模具压制而成的装饰玻璃。热熔玻璃超越了现有的玻璃形态，使艺术家、设计师可以根据自己的需要将平板玻璃加工成凹凸有致、色彩各异、层次分明的装饰玻璃，从而克服了普通装饰玻璃立面的单调呆板之感，给玻璃立面赋予生动的造型，满足了人们对装饰风格多样化和美感的追求，备受设计师、生产商、业主的关注。

热熔玻璃产品种类较多，有热熔玻璃砖、玻璃隔断、玻璃艺术品、一体式卫浴玻璃洗脸盆、玻璃家具等。（图5-4-16）

图 5-4-16　热熔玻璃

8. 玻璃镜

玻璃镜即镜子，指通过对玻璃表面进行化学镀银或真空蒸镀等方法使其形成具有镜面反射效果的玻璃制品。玻璃镜最常以平板玻璃通过化学镀银法来制作，即常见的银镜。装饰玻璃镜还常以有色玻璃为原片制作出诸如茶镜、灰镜、黑镜等色彩丰富的产品，亦可以对原片先进行彩绘、喷砂等加工，使其表面形成图案后再制作成镜子，这些工艺极大地丰富了玻璃镜的装饰效果（见图5-4-17）。

在空间中利用玻璃镜的反射可以增加空间感，提升空间张力，在小空间中可以避免产生压抑感，亦可以形成丰富的光影效果。空间中的不同立面使用玻璃镜，可以使物体形成多次反射，产生极具艺术性的虚幻效果（见图5-4-18）。

9. 玻璃砖

图 5-4-17　茶色玻璃镜

图 5-4-18　玻璃镜与波纹镜面不锈钢营造的虚幻空间

　　玻璃砖是指用透明或者彩色玻璃制成的、体型较大的矩形块状玻璃制品。玻璃砖分为实心玻璃砖和空心玻璃砖两种。实心玻璃砖是将熔融玻璃采用机械模压制成的。空心玻璃砖是采用烧熔的方式将两块凹形半块玻璃砖熔结成整体，中间则充以干燥空气，经退火后涂饰侧面而制成（见图 5-4-19）。

　　玻璃砖的种类有很多，按颜色可分为有色玻璃砖和无色玻璃砖，且可对其进一步进行喷砂、压花、热熔等工艺加工，使其表面形成多种图案或肌理，产生丰富的视觉效果。按正面形状，玻璃砖可分为方形玻璃砖和矩形玻璃砖，方形玻璃砖的常见规格有（长×宽×厚）145mm×145mm×80mm、190mm×190mm×80mm、145mm×145mm×95mm、

空心玻璃砖

实心玻璃砖

图 5-4-19　种类丰富的玻璃砖

190mm×190mm×95mm，矩形玻璃砖的常见规格有（长×宽×厚）200mm×100mm×50mm、200mm×50mm×50mm 等。

装饰玻璃砖具有抗压强度高、稳定性好、透光、耐磨、耐热、隔声及耐酸碱腐蚀等多种优良性能，又因其具有半透明的效果，在室内空间中主要用于砌筑隔墙、隔断以分隔空间、保护隐私，从而兼具功能与装饰的双重功能（见图 5-4-20），此外，它也常用于吧台、墙面等部位的装饰（见图 5-4-21、图 5-4-22）。

图 5-4-20　空心玻璃隔断

10. 调光玻璃

调光玻璃也称为电控雾化玻璃，它是在两层玻璃中间加入液晶膜，后经高温高压胶合后一体成型，具有夹层结构的光电玻璃产品。利用液晶膜的光学特性，通过电场可以控制调光玻璃液晶膜内液晶分子的分布状态，即断电状态下，液晶分子会呈现不规则的散布状态，此时调光玻璃会呈现雾化的状态，即透光而不透明的状态，而在通电状态

图 5-4-21　空心玻璃砖展台

图 5-4-22　实心玻璃砖操作台

下，液晶分子会呈现整齐排列的状态，此时调光玻璃会呈现透明玻璃的状态。

　　根据电源的连接状态，使用者可以控制调光玻璃的透明与否的状态，从而使调光玻璃不仅具有了安全玻璃的一切特征，还能让使用者轻松切换空间的开放与私密状态，使其成为常用于办公、会议、会所等空间隔断的优良材料（见图 5-4-23）。

（四）节能玻璃

　　玻璃在建筑中主要起到采光作用，但追求大面积采光的同时也将导致能量的巨大消耗，为此，人们研制出既具有保温隔热功能，又具有良好装饰性的节能玻璃。常用的节

（a）断电状态

（b）通电状态

图 5-4-23 调光玻璃

能玻璃可分为吸热玻璃、镀膜玻璃和中空玻璃。

1. 镀膜玻璃

镀膜玻璃是在玻璃表面涂镀一层或多层金属、金属化合物或非金属化合物薄膜，以改变玻璃的光学性能，达到隔热的效果。镀膜玻璃按产品的不同特性，可分为以下几类：热反射玻璃、低辐射玻璃（Low-E）、导电膜玻璃等。

（1）热反射玻璃

它通常在玻璃表面镀覆金属或者金属氧化物薄膜，以达到大量反射太阳红外热能的目的。热反射玻璃具有良好的遮光性能（低透过率）和隔热性能，可呈现丰富的色彩

（灰色、茶色、金色、浅蓝色、古铜色等），具有良好的建筑装饰效果。

（2）低辐射玻璃（Low-E）

它是在玻璃表面镀上金属银层或其他化合物而制成的，利用此膜层反射远红外线，可达到隔热、保温的目的，并具有可见光高透过率，低光污染，紫外线及近红外线低透过率的效果。

2. 中空玻璃

中空玻璃是指将两片或多片玻璃以某种支撑物均匀地隔开并将周边黏结密封，使玻璃层间形成含有干燥气体空间的制品。中空玻璃一般是双层结构，即双层中空玻璃。由三片及以上的玻璃构成、具有两个及以上空腔的中空玻璃为多层中空玻璃（见图 5-4-24）。

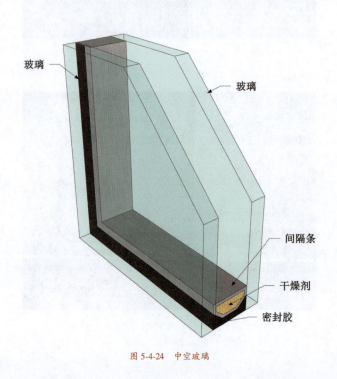

图 5-4-24　中空玻璃

中空玻璃的种类有很多，根据其不同用途，中空玻璃可采用各种不同种类的玻璃作为原片，如不同规格的钢化玻璃、夹层玻璃、压花玻璃、彩色玻璃、镀膜玻璃等。中空玻璃按颜色可分为无色、绿色、金色、银色、蓝色、灰色、茶色等。

中空玻璃具有优良的隔热、隔音和防结露性能。此外，在隔热效果相同的条件下，中空玻璃比砖墙或混凝土墙的质量轻很多，使用中空玻璃既可以增加采光面积、增强室内的舒适感，又可以减轻建筑物自重。因此，对于需要保温、隔热、防止噪音的空间，中空玻璃是较理想的材料（见图 5-4-25）。

图 5-4-25 等待安装的中空玻璃窗户

（五）玻璃的施工工艺与构造

1. 建筑玻璃使用规范

（1）一般规定

根据《建筑玻璃应用技术规程》（JGJ 113—2015）的要求，安全玻璃的最大许用面积应符合表 5-4-1 的规定；有框平板玻璃、超白浮法玻璃、真空玻璃的最大许用面积应符合表 5-4-2 的规定。

表 5-4-1　　　　　　　　　　　安全玻璃最大许用面积

玻璃种类	公称厚度（mm）			最大许用面积（m²）
钢化玻璃	4			2.0
	5			2.0
	6			3.0
	8			4.0
	10			5.0
	12			6.0
夹层玻璃	6.38	6.76	7.52	3.0
	8.38	8.76	9.52	5.0
	10.38	10.76	11.52	7.0
	12.38	12.76	13.52	8.0

表 5-4-2　　　　有框平板玻璃、超白浮法玻璃、真空玻璃的最大许用面积

玻璃种类	公称厚度（mm）	最大许用面积（m^2）
平板玻璃 超白浮法玻璃 真空玻璃	3	0.1
	4	0.3
	5	0.5
	6	0.9
	8	1.8
	10	2.7
	12	4.5

（2）玻璃的选用

根据 2003 年发布的《建筑安全玻璃管理规定》，建筑物需要以玻璃作为建筑材料的下列部位必须使用安全玻璃：

①7 层及 7 层以上建筑物外开窗；

②面积大于 $1.5m^2$ 的窗玻璃或玻璃底边离最终装修面小于 500mm 的落地窗；

③幕墙（全玻幕除外）；

④倾斜装配窗、各类天棚（含天窗、采光顶）、吊顶；

⑤观光电梯及其外围护；

⑥室内隔断、浴室围护和屏风；

⑦楼梯、阳台、平台走廊的栏板和中庭内拦板；

⑧用于承受行人行走的地面板；

⑨水族馆和游泳池的观察窗、观察孔；

⑩公共建筑物的出入口、门厅等部位；

⑪易遭受撞击、冲击而造成人体伤害的其他部位。

根据《建筑玻璃应用技术规程》（JGJ 113—2015）的要求，玻璃的选用应符合表 5-4-3的规定。

表 5-4-3　　　　　　　　　　玻璃的选用

类别	应用条件	玻璃种类、公称厚度（mm）要求
活动门玻璃、固定门玻璃和落地窗玻璃	有框	应使用符合表 5-4-1 规定的安全玻璃
	无框	应使用公称厚度不小于 12mm 的钢化玻璃
室内隔断用玻璃		应使用安全玻璃，且最大使用面积应符合表 5-4-1 的规定

续表

类别	应用条件	玻璃种类、公称厚度（mm）要求
人群集中的公共场所和运动场所中装配的室内隔断玻璃	有框	应使用符合本规程表 5-4-1 的规定，且公称厚度不小于 5mm 的钢化玻璃或公称厚度不小于 6.38mm 的夹层玻璃
	无框	应使用符合表 5-4-1 的规定，且公称厚度不小于 10mm 的钢化玻璃。
浴室用玻璃	有框	应使用符合表 5-4-1 的规定，且公称厚度不小于 8mm 的钢化玻璃
	无框	应使用符合表 5-4-1 的规定，且公称厚度不小于 12mm 的钢化玻璃
室内栏板用玻璃	设有立柱和扶手，栏板玻璃作为镶嵌面板安装在护栏系统中	应使用符合表 5-4-1 规定的夹层玻璃
	栏板玻璃固定在结构上且直接承受人体荷载的护栏系统	当栏板玻璃最低点离一侧楼地面高度不大于 5m 时，应使用公称厚度不小于 16.76mm 钢化夹层玻璃
		当栏板玻璃最低点离一侧楼地面高度大于 5m 时，不得采用此类护栏系统
室内饰面用玻璃		可采用平板玻璃、釉面玻璃、镜面玻璃、钢化玻璃和夹层玻璃等，其许用面积应分别符合本规程表 5-4-1 表 5-4-2 规定
		当室内饰面玻璃最高点离楼地面高度在 3m 或 3m 以上时，应使用夹层玻璃
		室内饰面玻璃边缘应进行精磨和倒角处理，自由边应进行抛光处理
		室内消防通道墙面不宜采用饰面玻璃
		室内饰面玻璃可采用点式幕墙和隐框幕墙安装方式。龙骨应与室内墙体或结构楼板、梁牢固连接。龙骨和结构胶应通过结构计算确定
屋面玻璃		屋面玻璃或雨篷玻璃必须使用夹层玻璃或夹层中空玻璃，其胶片厚度不应小于 0.76mm

类别	应用条件	玻璃种类、公称厚度（mm）要求	
地板玻璃（指玻璃地板下为挑空）	框支承	夹层玻璃，玻璃单片厚度不宜小于8mm	夹层玻璃的单片厚度相差不宜大于3mm，且夹层胶片厚度不应小于0.76mm
	点支承	必须采用钢化夹层玻璃，钢化玻璃必须进行均质处理，玻璃单片厚度不宜小于10mm	

2. 墙面装饰玻璃的施工工艺与构造

装饰玻璃在墙面上的安装主要有粘贴法、螺丝固定法、压条固定法。

（1）粘贴法

粘贴法是用黏结剂将装饰玻璃直接粘贴在基层板上，装饰工程中常用胶合板、细木工板等作为基层。粘贴法适合玻璃厚度不大于6mm、单片玻璃不大于$1m^2$的墙面，同样，墙面高度也不能过高（见图5-4-26、图5-4-27）。

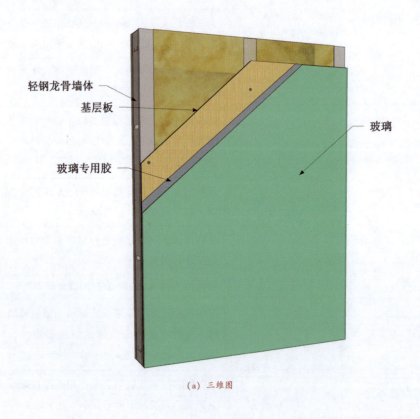

（a）三维图

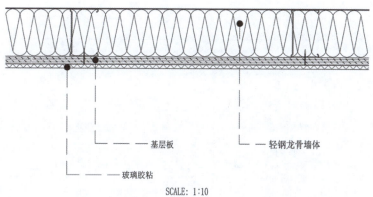

基层板 ———— 轻钢龙骨墙体

玻璃胶粘 ————

SCALE: 1:10

（b）节点图

图 5-4-26　玻璃胶粘轻钢龙骨墙体

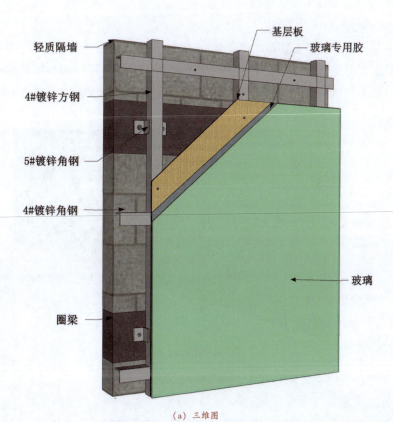

（a）三维图

图 5-4-27　玻璃胶粘砌体或钢筋混凝土墙体（1）

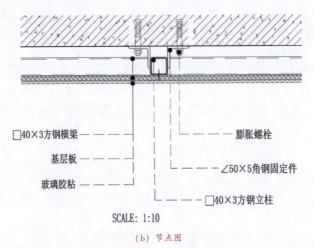

□40×3方钢横梁 —————— 膨胀螺栓

基层板 —————— ∠50×5角钢固定件

玻璃胶粘 —————— □40×3方钢立柱

SCALE: 1:10

（b）节点图

图 5-4-27　玻璃胶粘砌体或钢筋混凝土墙体（2）

（2）螺丝固定法

当粘贴法无法保证前面装饰玻璃安全时，可采用螺丝固定的方法，即在玻璃的四角处钻孔，通过配有螺丝的镜钉将玻璃固定在基层板上，镜钉可以起到固定和装饰的作用。要注意的是，玻璃应先进行切割、钻孔等加工，再做钢化处理（见图 5-4-28）。

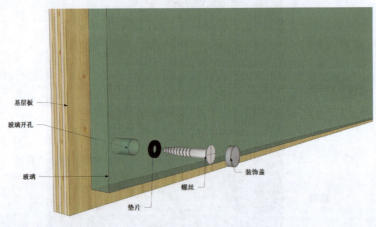

基层板

玻璃开孔

玻璃

垫片

螺丝

装饰盖

图 5-4-28　玻璃螺丝固定

（3）压条固定法

这是指用压条将装饰玻璃固定在基层的方式。常用的压条有木压条、铝合金压条、不锈钢压条等。此安装方式无须对玻璃钻孔，配合使用黏结剂即可，是一种比较安全的固定方法（见图 5-4-29）。

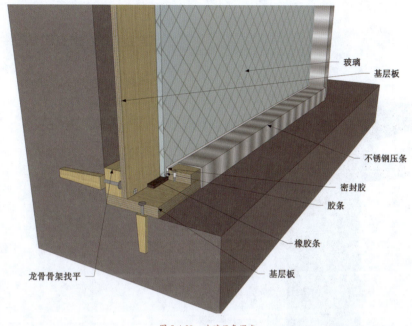

图 5-4-29 玻璃压条固定

3. 顶面装饰玻璃的施工工艺与构造

因为玻璃自重较大，顶面不适合用粘贴法安装面积较大的装饰玻璃，可使用螺丝或压条固定的方法。

4. 玻璃隔墙的施工工艺与构造

本小节提到的玻璃隔墙主要是指采用平板玻璃、钢化玻璃、夹层玻璃等板状玻璃制作的隔墙。玻璃隔墙主要采用金属槽来固定玻璃。

①基层处理：隔墙的基层应平整、牢固。

②放线：按照设计要求弹出隔墙的地面位置线、墙（柱）位置线、标高线。

③安装金属槽：使用膨胀螺栓将角钢固定在地面上，U 形金属槽通过焊接固定在角钢上。顶面使用镀锌钢管制作支撑结构，将 U 形金属槽焊接在钢管上。

④安装玻璃：先在地面处的金属槽内放置橡胶垫，使玻璃与金属槽软连接，让玻璃的使用更安全，然后安装玻璃。

⑤密封处理：待基层装饰面完成后，使用密封胶对金属槽与玻璃的缝隙做密封处理。（图 5-4-30）

除了使用金属槽固定玻璃，还可以使用压条固定，原理同上述墙面玻璃固定一致。用于这种构造的压条是高于完成面而暴露在空间中的（见图 5-4-31）。

5. 玻璃砖隔墙的施工工艺与构造

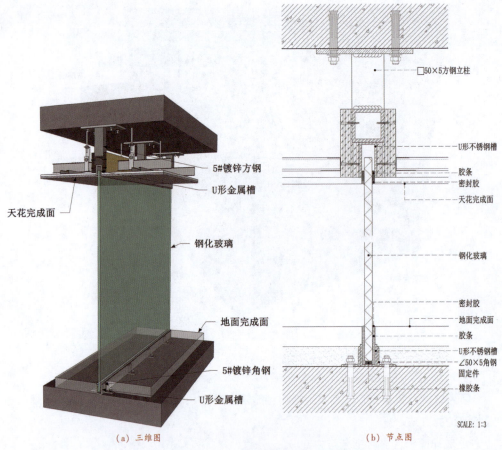

（a）三维图   （b）节点图

图 5-4-30　U 型金属槽玻璃隔墙

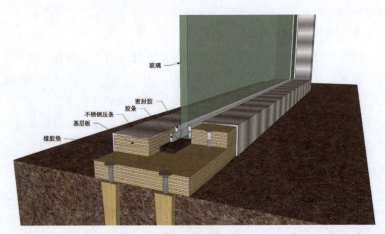

（a）三维图

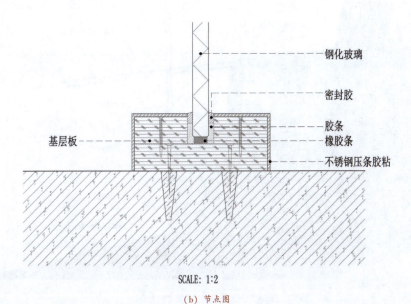

SCALE: 1:2

（b）节点图

图 5-4-31　压条玻璃隔墙

玻璃砖的再加工性能较差，不方便随意切割，故应准确计算砖的尺寸和灰缝的大小，合理确定隔墙的长宽。

（1）方形玻璃空心砖

①基层处理：隔墙的基层应平整、牢固。

②放线：按照设计要求弹出隔墙的地面位置线、墙（柱）位置线、标高线。

③植筋：当隔断长度或高度大于 1500mm 时，在水平或垂直方向每二到三层设置两根 $\phi6$ 或 $\phi8$ 钢筋，钢筋应植入基层结构中，起到拉结加固作用。故应根据设计确定竖向钢筋位置，在地面钻孔并植筋。

④玻璃砖砌筑：空心玻璃砖隔墙的砌筑砂浆一般宜采用白色硅酸盐水泥和直径小于 3mm 洁净细砂拌制而成。使用砂浆砌筑玻璃砖，由下而上，一块块、一层层地叠加，使用配套的十字形定位支架固定玻璃砖及统一玻璃砖间缝隙的大小。砌筑过程中要根据设计要求设置水平向拉结钢筋。

⑤封缝：砌筑完毕，拆除掉定位支架。刮去玻璃砖间缝隙多余的砂浆，用白水泥或玻璃砖专用的嵌缝剂填补、美化砖间缝隙。封缝后及时清洁玻璃砖表面。

⑥若玻璃砖隔墙在潮湿的环境中，可在玻璃砖间缝隙处涂刷防水涂料（见图 5-4-32）。

（2）矩形实心玻璃砖

使用矩形实心玻璃砖砌筑隔墙时，若墙体面积不大，可直接使用透明或半透明结构

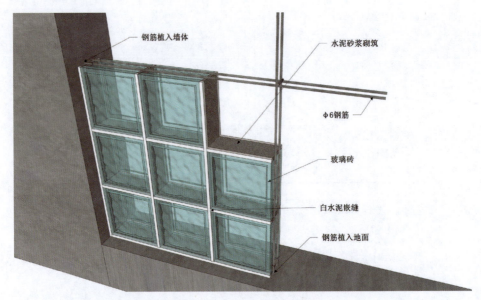

图 5-4-32　空心玻璃砖墙体三维图

胶作为黏结剂砌筑墙体。若墙体面积较大，尤其高度较高时，应选用经穿孔处理的玻璃砖，使用配套的不锈钢螺杆穿过玻璃砖将其固定在顶面和地面上（见图 5-4-33）。

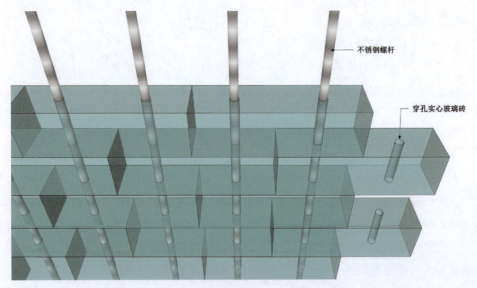

图 5-4-33　穿孔实心玻璃砖墙体三维图

6. 玻璃地板的施工工艺与构造

玻璃地板是指玻璃离地面有一定距离的悬空地板，可以作为发光地面，也可以作为通透的地面。玻璃本身给人的感觉是易碎的，踩上去会觉得不安全，但使用玻璃作为地板来支撑人的重量，这种做法给人提供了独特视觉和心理感受（见图 5-4-34）。

图 5-4-34　玻璃地板

根据《建筑玻璃应用技术规程》（JGJ 113—2015）的要求，玻璃地板玻璃的选用和施工应符合以下规定：

①地板玻璃宜采用隐框支承或点支承。点支承地板玻璃连接件宜采用沉头式或背栓式连接件。

②地板玻璃必须采用夹层玻璃，点支承地板玻璃必须采用钢化夹层玻璃。钢化玻璃必须进行均质处理。

③楼梯踏板玻璃表面应做防滑处理。

④地板玻璃的孔、板边缘均应进行机械磨边和倒棱，磨边宜细磨，倒棱宽度不宜小于 1mm。

⑤地板夹层玻璃的单片厚度相差不宜大于 3mm，且夹层胶片厚度不应小于 0.76mm。

⑥框支承地板玻璃单片厚度不宜小于 8mm，点支承地板玻璃单片厚度不宜小于 10mm。

⑦地板玻璃之间的接缝不应小于 6mm，采用的密封胶的位移能力应大于玻璃板缝位移量计算值。

⑧地板玻璃及其连接应能够适应主体结构的变形。

⑨地板玻璃承受的风荷载和活荷载应符合现行国家标准《建筑结构荷载规范》（GB 50009）的规定。地板玻璃不应承受冲击荷载。

⑩地板玻璃板面挠度不应大于其跨度的 1/200。

⑪地板玻璃最大应力不得超过长期荷载作用下的强度设计值，玻璃在长期荷载作用下的强度设计值可按规定程式计算。

（1）框支撑地板玻璃的施工工艺与构造

框支撑玻璃地板是将玻璃放置在支撑框上，通过支撑框承托玻璃上的所有荷载，具有稳定性好、安全性高的优点，但支撑框非常明显，美观性不足。其施工工艺有很多种，在此介绍一种常用且较为简便的工艺。

①基层处理：支撑框架的基层应平整、牢固。

②放线：按照设计要求在墙面弹出标高线。

③制作框架：常选用型钢为框架材料，根据设计要求裁切钢材，钢材间通过焊接形成整体。

④放置玻璃：在框架表面固定定位条，形成一个盒状框，框内先放置橡胶条等软连接材料，再将玻璃放置在框架上。

⑤封缝：用硅酮密封胶填补、美化玻璃间缝隙（见图5-4-35）。

（2）点支撑地板玻璃的施工工艺与构造

点支撑地板玻璃是用连接件固定玻璃的四个角，以此来承托玻璃上的所有荷载，故必须采用钢化夹层玻璃，这种方式可以最大限度地弱化连接件的存在，美观度好。常用的连接件为不锈钢驳接件（见图5-4-36），亦可使用其他安全可靠的材料。如图5-4-37所示为采用透明亚克力圆柱支撑地板玻璃，使观者能更好地观看地板下的展品。

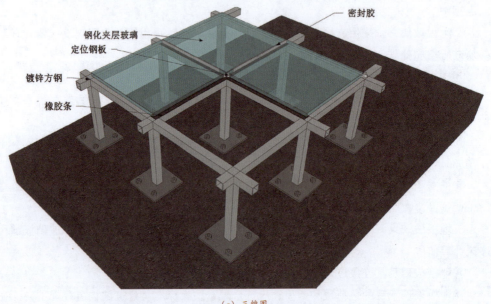

（a）三维图

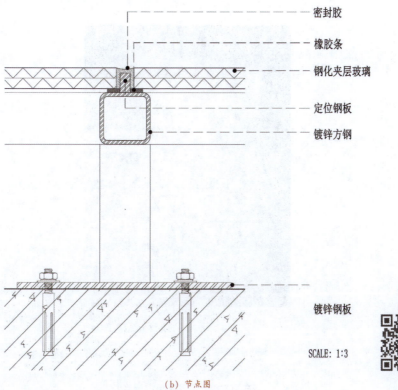

密封胶

橡胶条

钢化夹层玻璃

定位钢板

镀锌方钢

镀锌钢板

SCALE: 1:3

（b）节点图

图 5-4-35　框架支撑地板玻璃

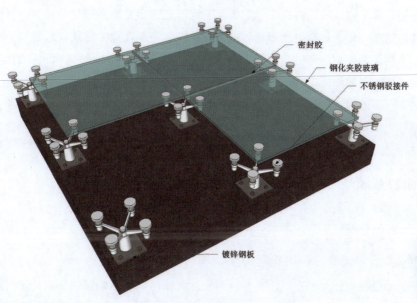

密封胶

钢化夹胶玻璃

不锈钢驳接件

镀锌钢板

图 5-4-36　点支撑玻璃地板三维图

图 5-4-37　透明亚克力圆柱支撑地板玻璃

第五节　涂　　料

涂料是指涂覆于物体表面，并在一定条件下能形成连续完整而坚韧的薄膜，且能与被涂覆物体黏结在一起，具有对涂覆物体进行保护、装饰及其他特殊功能的材料。早期涂料的主要原料是天然树脂和油脂，如松香、生漆、桐油等，故此时涂料也称为油漆。现在人工合成树脂和各种人工合成有机稀释剂基本取代了天然树脂和油脂，"油漆"这一词的表达变得不准确，故改称为涂料，但人们仍习惯性地将溶剂型涂料称作油漆，把水溶性涂料称为涂料。涂料具有种类多、装饰效果好、施工方便等优点，是使用最为广泛的装饰材料。

一、涂料基础

（一）涂料的功能

1. 保护作用

物体在使用过程中会受到空气、水分、阳光、腐蚀性物质等的侵蚀，也会因人或其他物体的碰撞、挤压、摩擦等而遭到破坏。涂料涂覆于物体表面形成的薄膜，具有一定的硬度、强度，赋予物体耐磨、耐候、耐蚀等性质，能起到保护物体、延长其使用寿命的作用。

2. 装饰作用

涂料的种类丰富，通过不同的施工工艺可以形成丰富的色彩、肌理或图案，能满足营造不同室内氛围的要求，起到美化环境及装饰空间的作用。

3. 改善物体性质的作用

除了具有保护、装饰功能外，一些涂料还具有特殊的作用，能改善物体的特定性质，如使物体具有防火、防水、吸声隔声、保温隔热、防辐射等功能。

（二）涂料的组成

涂料是由多种成分混合而成的，按涂料中各个组成部分所起作用的不同，可将其分为主要成膜物质、次要成膜物质和辅助成膜物质。

1. 主要成膜物质

主要成膜物质是涂料的基本构成成分，能将涂料中的其他成分黏结在一起，并能牢固地附着在基层表面，形成连续、均匀、坚韧的保护膜。主要成膜物质的性质，决定着涂料的使用方式和所形成涂膜的主要性能。目前我国建筑涂料所用的成膜物质主要以合成树脂为主。

2. 次要成膜物质

次要成膜物质主要是指涂料中的颜料和填料。颜料主要赋予涂膜色彩，颜料的品种极其丰富，极大地提升了涂料的视觉表现力，除此之外，还能使涂膜具有一定的遮盖力。填料的主要作用在于改善涂膜的性能，如提高膜层机械强度、减少收缩、提高抗老化性以及降低生产成本等。

3. 辅助成膜物质

辅助成膜物质主要包括溶剂和助剂。

（1）溶剂

溶剂又称稀释剂，它的作用是将主要成膜物质（油料、树脂）稀释，调节涂料的黏度，并能使颜料和填料均匀分散，让涂料以达到施工的要求。溶剂还可增加涂料的渗透力，改善涂料与基材的黏结能力，节约涂料用量等。

涂料所用溶剂有两大类：一类是有机溶剂，如松香水、酒精、汽油、苯、苯、丙醇等，这些溶剂都容易挥发有机物质，对人体有一定危害。另一类是水，无挥发有机物质，更环保。使用有机溶剂的涂料常称为溶剂型涂料，俗称油性漆、油漆；使用水做溶剂的涂料常称为水性涂料，俗称水性漆。

（2）助剂

助剂的作用是改善涂料的性能、提高涂膜的质量，其使用量较少。助剂的种类很多，按其功能可分为催干剂、增塑剂、固化剂、流变剂、分散剂、防冻剂、紫外线吸收剂、抗氧化剂、防霉剂、阻燃剂等。

（三）涂料的分类及命名

1. 涂料的分类

根据《涂料产品分类和命名》（GB/T 2705—2003）的规定，涂料产品的分类方法有以下两类。

①主要是以涂料产品的用途为主线，并辅以主要成膜物的分类方法。依此可将涂料产品划分为三个主要类别：建筑涂料、工业涂料和通用涂料及辅助材料。

②除建筑涂料外，主要以涂料产品的主要成膜物为主线，并适当辅以产品主要用途的分类方法。将涂料产品划分为两个主要类别：建筑涂料、其他涂料及辅助材料（见表5-5-1）。

表 5-5-1　　　　　　　　　　　　　　建筑涂料种类

	主要产品类型	主要成膜物类型
墙面涂料	合成树脂乳液内墙涂料 合成树脂乳液外墙涂料 溶剂型外墙涂料 其他墙面涂料	丙烯酸酯类及其改性共聚乳液；醋酸乙烯及其改性共聚乳液；聚氨酯、氟碳等树脂；无机黏合剂等
防水涂料	溶剂型树脂防水涂料 聚合物乳液防水涂料 其他防水涂料	EVA 丙烯酸酯类乳液；聚氨酯、沥青，PVC 胶泥或油膏、聚丁二烯等树脂
地坪涂料	水泥基等非木质地面用涂料	聚氨酯、环氧等树脂
功能性建筑涂料	防火涂料 防霉（藻）涂料 保温隔热涂料 其他功能性建筑涂料	聚氨酯、环氧、丙烯酸酯类、乙烯类、氟碳等树脂

注：节选自《涂料产品分类和命名》（GB/T 2705—2003）。

2. 涂料的命名

根据《涂料产品分类和命名》（GB/T 2705—2003）的规定，涂料的命名原则是：涂料全名一般是由颜色或颜料名称加上成膜物质名称，再加上基本名称（特性或专业用途）而组成。对于不含颜料的清漆，其全名一般是由成膜物质名称加上基本名称而组成

（见表 5-5-2）。

表 5-5-2　　　　　　　　　　　　　　　涂料基本名称

基本名称	基本名称
清油	水溶（性）漆
清漆	透明漆
调合漆	斑纹漆、裂纹漆、桔纹漆
磁漆	锤纹漆
底漆	皱纹漆
腻子	金属漆、闪光漆
大漆	防污漆
乳胶漆	防腐漆
防锈漆	防火涂料
耐热（高温）涂料	内墙涂料
木器漆	外墙涂料
防水涂料	地板漆、地坪漆
黑板漆	防霉（藻）涂料

注：根据《涂料产品分类和命名》（GB/T 2705—2003）相关内容整理。

二、装饰常用涂料

在建筑领域，装饰常用涂料主要包括墙面涂料、木器涂料、金属涂料、地坪涂料、防水涂料和防火涂料等。

（一）墙面涂料

1. 乳胶漆

乳胶漆是合成树脂乳液涂料的俗称，是以合成树脂乳液为主要成膜物质，加入颜料、填料及各种助剂配制而成的一类水性涂料，即以水为稀释剂。乳胶漆是装饰工程中最广泛使用的涂料（图 5-5-1）。

（1）乳胶漆的分类

根据生产原料的不同，乳胶漆可分为聚醋酸乙烯乳胶漆、丙烯酸酯乳胶漆、乙-丙乳胶漆、苯-丙乳胶漆、聚氨酯乳胶漆等品种。根据产品适用环境不同，可以分为内墙乳胶漆和外墙乳胶漆两种，内墙乳胶漆又可分为普通乳胶漆和防水乳胶漆。根据装饰的光泽

图 5-5-1　展厅乳胶漆墙面和顶面

效果，则可分为高光、哑光、丝光和有光等类型。

（2）乳胶漆的特点

①环保性好。乳胶漆以合成树脂乳液为主要成膜物质，以水为稀释剂，施工时无有机溶剂溢出，因而不会对人体产生危害。

②成膜速度快。乳胶漆施工后，随着水分的蒸发而干燥成膜，在 25℃ 时，30 分钟表面即可干燥，120 分钟即可完全干燥。

③颜色丰富。乳胶漆的颜色极其丰富，基本上能满足设计师对颜色的所有要求。

④施工方便，性价比高。乳胶漆可采用辊涂、喷涂、刷涂等工艺，施工工艺简便、成熟。

⑤涂膜透气性好。可以避免因涂膜内外温度差而导致鼓泡。

（3）乳胶漆的施工工艺与构造

装饰工程中常用的内墙乳胶漆，根据其功能的不同，可分为底漆和面漆。底漆主要起到封闭、隔离、防潮和防霉的作用，也具有遮盖和增加附着力的功能。面漆主要是起美观装饰作用。

本节以砖墙为例介绍乳胶漆的施工工艺，轻钢龙骨石膏板墙体与其相似，不再赘述。

①基层处理。将墙面起皮及松动处清除凿平，并用水泥砂浆补平。将墙面上的灰尘、污垢等杂物清理干净。新旧墙体交接处及墙面开槽处需贴网格布做防开裂处理。然后用水泥砂浆对墙体找平。

②涂刷界面剂。增强基层与腻子层的黏结效果。

③批刮腻子。腻子作为涂料施工中应用最普遍的填充和打底材料，可用以填补墙体

表面的缝隙、孔眼和凹凸不平整等缺陷，使基层表面平整、密实，利于涂饰及保证装饰质量。一般将腻子层批刮三遍，每一遍批刮应待腻子完全干燥后，用砂纸打磨平整，并清扫墙面。

④涂刷底漆。按产品要求添加合适比例的水稀释底漆，然后涂刷墙面。一般采用辊涂方式涂刷，当涂刷面积大、工期短时可以采用喷涂，刷涂用于细部处理，漆面干后即可进行修补、打磨，保证表面光滑平整。

⑤涂刷面漆。按产品要求添加合适比例的水稀释面漆，然后采用同样的方式涂刷墙面。

一般做底漆一到两遍，面漆两遍，每次都要待前一遍漆干透后，再刷下一遍（见图5-5-2、图5-5-3）

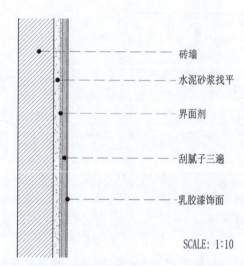

图 5-5-2　乳胶漆砖墙节点图

2. 硅藻泥

硅藻泥是以无机胶凝物质为主要黏结材料，硅藻材料为主要功能性填料，配制的干粉状内墙装饰涂覆材料。硅藻材料是指硅藻生物遗骸或由其变质形成的多孔二氧化硅。

1）硅藻泥的特点

①环保性好。硅藻泥主要由天然无机材料组成，不含甲醛、苯、挥发性有机化合物等有害物质。

②装饰性好。硅藻泥自身拥有均匀、柔和的凹凸肌理，且色彩丰富，在此基础上配合不同的施工工艺和模板可以制作颜色丰富的图案和肌理，因此具有很强的艺术表现力。

③防火阻燃。硅藻泥是由无机材料组成，因此不会燃烧。硅藻泥在高温下只会出现

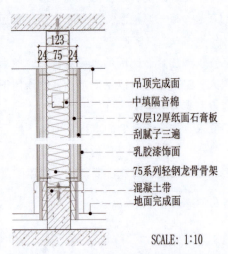

图 5-5-3　乳胶漆轻钢龙骨墙体节点图

标注（从上到下）：
- 吊顶完成面
- 中填隔音棉
- 双层12厚纸面石膏板
- 刮腻子三遍
- 乳胶漆饰面
- 75系列轻钢龙骨骨架
- 混凝土带
- 地面完成面

SCALE: 1:10

熔融状态，不会产生有害气体。

④调节湿度。硅藻土具有特殊多孔性构造，孔隙率很高，因此，它可以在空气潮湿时吸收水分，空气干燥时释放水分，一定程度上可以调节室内空气湿度，营造舒适的室内环境。

⑤易于清洁。硅藻泥主要由无机材料构成，不产生静电，浮尘不易附着在表面，即使有些灰尘，也很容易用鸡毛掸子扫除，对于一般的污渍，用橡皮轻轻擦除即可，有助于墙面能长时间保持鲜艳外观。

2）硅藻泥的施工工艺与构造

硅藻泥具有施工对其基层有要求，通常需要平整、密实的腻子层作为基层，腻子层的批刮及前期工序同乳胶漆的施工。

硅藻泥的装饰性，除了通过添加颜料或骨料来表现颜色和肌理，通过不同的施工工艺也可制作丰富的图案和肌理。根据表面装饰效果和施工工艺的不同，硅藻泥的施工工艺大致可以分为三类：

（1）突出自身质感，只用常规工具

①平涂。硅藻泥的所有施工工艺，首先要将产品按规定的比例添加水搅拌成需要的膏状硅藻泥，下面的不同效果的施工工艺不再赘述。先批刮第一遍硅藻泥，待第一遍硅藻泥表面无水光时可批刮第二遍；待硅藻泥干燥到指压不黏手时可进行收光。过 30～60 分钟后可进行第二次收光（见图 5-5-4）。

②喷涂（弹涂）。先批刮第一遍硅藻泥，待第一遍硅藻泥表面无水光时，用喷枪进行喷涂；待硅藻泥干燥到指压不黏手时可进行收光，再过 30～60 分钟后可进行第二次收光。待硅藻泥完全干燥后清洁表面（见图 5-5-5）。

图 5-5-4 彩色平涂硅藻泥   图 5-5-5 立体感强的喷涂硅藻泥

（2）表现丰富肌理，使用肌理制作工具

先批刮第一遍硅藻泥，待第一遍硅藻泥表面无水光时可批刮第二遍。然后立刻使用专业的肌理工具制作肌理，如肌理滚筒、镘刀、硬泡沫、海绵等。待硅藻泥干燥到指压不黏手时可进行收光。过 30~60 分钟后可进行第二次收光。若要表现强烈的凹凸效果，可不用收光（见图 5-5-6）。

图 5-5-6 肌理硅藻泥

（3）表现丰富图案，使用图案制作模具，可制作无缝壁纸的效果

先批刮硅藻泥基底层，待基底层干透后，将选好的图案用硅藻泥通过模具印在基底层即可，模板主要有丝网模具、镂印模具。待硅藻泥干燥到指压不黏手时可进行收光（见图 5-5-7）。

图 5-5-7 印花硅藻泥

3. 艺术涂料

艺术涂料是一种宽泛的称谓，具体指以各种具有较高艺术表现力的涂料为材料，结合特有的工具和施工工艺，能制造出丰富的图案或肌理的涂料。艺术涂料与传统涂料之间最大的区别在于其形成的肌理或图案具有很突出的创造性，带有不确定性的艺术感，能呈现出独特的装饰效果，为设计师的个性化表达创造了良好的物质基础。艺术涂料的种类繁多，各厂家的称谓也并不统一，常见的种类有真石漆、微水泥、马来漆、金属质感漆、稻草漆、铁、铜锈漆、裂纹漆，等等。

（1）真石漆

真石漆是一种仿花岗岩、大理石的厚浆型装饰涂料，主要采用各种颜色的天然石粉配制而成。通常结合各种线格设计，能更真实地表现石材的效果（见图 5-5-8）。

真石漆的施工工艺与构造：

①真石漆的施工对其基层有要求，通常需要平整、密实的腻子层作为基层（户外使用防水腻子），腻子层的批刮及前期工序同乳胶漆的施工。

②对基层表面处理后，可涂刷底漆（户外使用抗碱底漆）。

③有线格设计要求的，要按要求弹线，然后对齐弹线贴美纹纸。没有线格设计要求的可直接喷涂真石漆。

④按产品要求稀释真石漆，使用专用喷枪喷涂，先均匀喷涂第一遍，待表面干燥后，再均匀喷涂第二遍。

⑤在漆膜处于半干状态时，揭去美纹纸。

⑥待漆膜完全硬化干燥后，涂刷透明罩面漆（见图 5-5-9）。

图 5-5-8 真石漆

墙体
水泥砂浆找平
腻子层
底漆
分缝
真石漆
罩面漆

图 5-5-9 真石漆墙面三维图

（2）微水泥

微水泥是近年来十分流行的饰面装饰材料，可用于墙、地面的装饰。其主要成分为细粉状的水泥、细骨料（主要是细石英砂）、水性树脂，再调配相应的颜料和助剂可制作丰富的艺术效果，最后使用水性聚氨酯做罩面保护。

微水泥硬度高，耐磨性、抗压性强；防水抗酸，可用于厨房、卫生间等潮湿环境；为水性涂料，环保性好；表面为无缝的连续性整体，可有效提升设计的整体性；颜色丰富，肌理可细腻可粗糙，具有丰富的装饰效果（见图 5-5-10）。

图 5-5-10 微水泥

微水泥的施工工艺与构造：

①微水泥的施工对其基层有要求，通常需要平整、密实的腻子层作为基层，腻子层的批刮及前期工序同乳胶漆的施工。

②对基层表面处理后，涂刷专用的封闭底漆。

③底漆干透后，批刮第一遍微水泥，第一遍干透后再批刮第二遍。第二遍漆膜七八成干后，进行收光或者全干后进行打磨。

④待漆膜完全硬化干燥后，涂刷透明哑光罩面漆。

（3）马来漆

马来漆来源于欧洲，英文名称为 stucco，是灰泥的意思，常被称为威尼斯灰泥。它是由丙烯酸乳液、天然石灰岩、无机矿土、超细硬质矿粉等混合而成，并通过各类批刮工具形成多种纹理的一种涂料。其表面润滑光洁，有石质效果，批刮出的花纹形态多样，若隐若现，有三维感，是装饰效果非常好的艺术涂料（见图5-5-11）。

图 5-5-11　马来漆

马来漆的施工工艺与构造：

①马来漆的施工对其基层有要求，通常需要平整、密实的腻子层作为基层，腻子层的批刮及前期工序同乳胶漆的施工。

②按设计要求调配马来漆，使用专用刮刀批刮，每一刀的角度尽可能不一样且之间留有孔隙。进行三遍批刮后，花纹就形成了。最后形成的花纹效果受施工工人的手艺的影响较大，故而个性化较强。

③待漆膜干燥后进行抛光，直到墙面形成大理石般的光泽。

（4）金属质感漆

金属质感漆是在涂料中掺入细微金属颗粒，用来模拟金属的质感，可以呈现24K金、银箔、青铜、古铜、红铜、香槟金等金属效果。施工时多用一种无金属光泽的带色底漆做基底，表面配以金属质感漆做辊涂或特殊处理，达到更丰富的装饰效果（见

图5-5-12）。

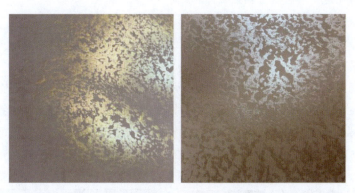

图 5-5-12　金属质感漆

金属质感漆的墙面施工工艺同乳胶漆相似，即先在腻子层上涂刷底漆，然后涂刷金属质感漆，一般涂刷两遍。

（5）稻草漆

稻草漆又叫生态稻草漆，由稻秆、微孔粉末、石英粉等天然材料制成，多用于模拟乡土建筑中草泥墙的效果，营造古朴、素雅的质感（见图5-5-13）。

图 5-5-13　稻草漆

稻草漆的施工工艺与构造：

①稻草漆的施工对其基层有要求，通常需要平整、密实的腻子层作为基层，腻子层的批刮及前期工序同乳胶漆的施工。

②对基层表面处理后，涂刷抗碱底漆，待干透后，在其上批刮稻草漆，薄批第一遍，待第一遍完全干燥后再批刮第二遍。

③待稻草漆半干时，进行收光处理。

④待稻草漆干透后，涂刷透明哑光罩面漆。

⑤铁、铜锈漆

铁、铜锈漆是一种模仿铁、铜生锈效果的涂料，涂装后所产生的漆膜在色彩和质感上如同真实生锈金属一般，用于替代真实生锈金属来制造复古装饰效果。铁、铜锈漆可以应用于墙体、金属、木材、石膏、PVC 制品、玻璃钢等常见物品的表面（见图 5-5-14、图 5-5-15）。

图 5-5-14　铁锈效果　　　　　　　　　图 5-5-15　铜锈效果

铁、铜锈漆的施工工艺与构造：

①铁、铜锈漆的施工基层可以是腻子层、板材等整洁的表面。

②涂刷专用底漆。

③待底漆干后，涂刷铁、铜锈漆两至三遍，每一遍都要干透后再涂刷。

④待漆膜干透后，涂刷生锈反应剂。可以根据需要使用辊子、海绵涂刷出理想的生锈效果。

⑤用生锈反应剂涂刷出满意的效果，最后涂刷罩面漆。

4. 书写涂料

书写涂料涂刷在墙面上形成的漆膜可以用于反复书写与擦除，适用于办公、会议、教育、娱乐、咖啡店等多种空间，不仅实用性非常强，亦可以营造涂鸦的装饰效果。常见的书写涂料有黑板漆和白板漆。

（1）黑板漆

黑板漆，顾名思义是涂刷成如黑板一样的涂料，其形成的漆膜坚硬，耐擦洗，可以自由设计涂刷的形状，个性化强。黑板漆适合使用粉笔来书写。黑板漆并不是只有黑色，常见的为黑色和墨绿色，还可以调配成其他丰富的颜色，如白色、黄色、灰色、红色等，装饰效果和使用效果皆佳。

主流的黑板漆为水性漆，加水稀释即可，更为环保。其施工工艺同乳胶漆相似，先在腻子层上涂刷一遍底漆，然后涂刷两三遍黑板漆，每遍间隔不少于两个小时。

（2）白板漆

白板漆涂刷在墙面上会形成高分子纳米覆膜，漆膜韧性好，耐擦洗，可以反复书写与擦除。白板漆适用于水性白板笔、水性颜料等水溶性书写工具，这些水性书写工具相较粉笔更干净、安全。

主流的白板漆也为水性漆。其施工工艺对基层的要求较高，最好涂刷在平整、干净的乳胶漆墙面上，涂刷两至三遍。

（3）磁性漆

上述书写涂料往往配合磁性漆使用。磁性漆的原料本身没有磁性，是指漆内加入了铁矿粉，涂刷后墙面上就形成类似铁板的漆膜，这样有磁性的物体就可以吸附在墙面上了。带有磁性书写涂料的墙面，不仅可以轻松涂鸦、书写，还可以方便地管理信息、展示图片，因此，磁性漆是非常实用的装饰涂料。

磁性漆施工时，在平整的腻子层上，涂刷至少三遍，每遍间隔不少于两个小时。涂刷完成后可以测试其磁性的大小，若达到使用要求，可待干透后涂刷书写涂料或其他面漆，若磁性不足需再次涂刷，直到满意为止。

（二）金属漆

金属漆主要是指用于金属表面涂装的涂料，主要目的是封闭金属表面，防止金属氧化生锈，同时具有装饰金属表面的作用。金属漆分为油性金属漆和水性金属漆两大类。油性金属漆漆膜的各项性能较好，使用寿命长，应用较为广泛，主要有丙烯酸漆、氟碳漆、醇酸漆等种类。水性金属漆膜的各项性能较前者差，但环保性好。

氟碳金属漆是使用最广泛的金属涂料，具有优良的耐候性、耐久性、耐水性、耐高温及耐化学腐蚀性，漆膜的附着性好、硬度与耐磨性高，美中不足的是环保性差。氟碳金属漆的颜色丰富，可以调配出黑、白、灰、红、黄、绿等丰富的单种颜色，也可以呈现金、银等金属的色泽，故也有较好的装饰效果（见图5-5-16）。

氟碳金属漆的施工工艺：

①对金属表面进行打磨并充分清洁干净，保证表面没有浮灰和污垢。

②根据产品要求加入适当比例的固化剂、稀释剂调配底漆，然后涂刷底漆。

③根据产品要求加入适当比例的固化剂、稀释剂调配面漆，然后涂刷面漆。

图 5-5-16　涂装氟碳金属漆的钢制护栏

（三）木器漆

木器漆主要是指用于木材表面涂装的涂料，主要目的是保护木材、提升其装饰效果。木器漆有油性木器漆和水性木器漆两大类。油性木器漆有硝基漆（NC 漆）、聚氨酯漆（PU 漆）、聚酯漆（PE 漆）、紫外光固化木器漆（UV 漆）、木蜡油、大漆等。水性木器漆有水性丙烯酸漆、水性聚氨酯漆、丙烯酸与聚氨酯混合漆。同金属漆一样，油性木器漆漆膜的各项性能较好，使用寿命长，应用较为广泛。水性木器漆漆膜的各项性能比前者较差，但环保性好。

木器漆根据涂装的效果不同，可分为开放漆、半开放漆、封闭漆；根据不同涂装效果的光泽度，又可分为亮光、哑光和半哑光三类。

1. 开放漆

开放漆常称为清漆，其漆膜透明，涂装后木材的木孔明显，纹理清晰，自然质感强，能充分展示木材表面的纹理，适用于纹理优美的木材，如水曲柳、黑胡桃、橡木等（见图 5-5-17）。

2. 封闭漆

封闭漆常称为混油，其漆膜不透明，颜色丰富，涂装后漆膜完全覆盖木质基层，只表现漆膜本身的颜色和光泽。封闭漆适用于各种木材和人造板材，是很多家具、木门经常使用的涂料（见图 5-5-18）。

3. 半开放漆

半开放漆是介于开放漆和封闭漆之间的一种涂料，其特点是使用不透明的漆涂装木

图 5-5-17　涂装清漆的木家具

图 5-5-18　涂装封闭漆的展台

材，使漆的颜色覆盖木材的颜色但又能保留木材的纹理，从而使木材在展示木纹的同时呈现出更多变的色彩（见图 5-5-19）。

　　木器漆的施工工艺与氟碳金属漆相似，也分为底漆和面漆，一般需涂刷两遍底漆和两遍面漆。油性木器漆也需要根据产品要求加入适当比例的固化剂、稀释剂来调配底漆和面漆。

图 5-5-19　白色开放漆

（四）地坪涂料

地坪涂料主要是指用于水泥基等非木质地面涂装的涂料，主要目的是保护和装饰地面，以创造整洁美观的地面环境。地坪涂料一般具有良好的耐水性、耐磨性、耐冲击性以及较高的硬度。按主要成膜物类型的不同，地坪涂料主要分为环氧地坪、聚氨酯地坪、丙烯酸地坪等（见图 5-5-20）。

图 5-5-20　地坪涂料

1. 常用地坪涂料

（1）环氧地坪

环氧地坪是以环氧树脂为基料，加入颜料和其他助剂形成的地坪涂料。环氧地坪表面硬度高，具有耐磨、耐酸碱、耐有机溶剂，防水防滑，色彩丰富等优点，适用于多种室内空间的地面装饰，是一种无缝隙的地面铺装材料。环氧地坪的种类很多，常见的有环氧平涂地坪、环氧自流平地坪、环氧砂浆地坪、环氧彩砂地坪等。

（2）聚氨酯地坪

聚氨酯地坪主要由聚氨酯树脂制成。聚氨酯地坪相较环氧地坪，性能更加优良，可以满足普通室内空间注重舒适性的要求，可以满足工矿企业对耐压、耐磨、耐酸碱的要求，也可以满足冷库、食品厂等行业对温度的要求，适用性非常广泛。聚氨酯地坪的种类很多，常见的有聚氨酯防静电地坪、聚氨酯自流平地坪、聚氨酯砂浆地坪、聚氨酯弹性地坪等。

2. 常用地坪涂料的施工工艺与构造

环氧地坪漆、聚氨酯地坪漆是装饰工程中常用的地坪涂料，它们的施工工艺与构造是相似的：

①地坪漆需要平整、干净的基层，故普通楼地面需要找平，最好配合使用水泥自流平，地面平整度更好。

②根据产品要求加入适当比例的固化剂、稀释剂调配抗碱封闭底漆。在自流平上涂刷一遍底漆。

③根据产品要求加入适当比例的固化剂、稀释剂调配面漆。待底漆干燥后涂刷（可以刷涂、辊涂、喷涂）面漆两遍。

④待面漆干燥后涂刷罩面漆，可做哑光和亮光效果（见图 5-5-21）

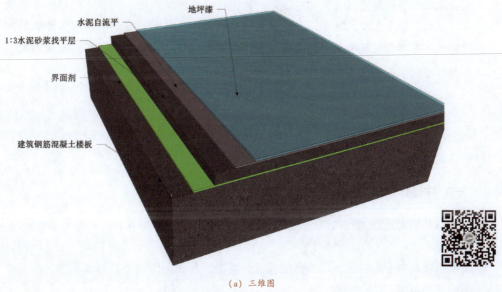

（a）三维图

图 5-5-21 地坪涂料地面（1）

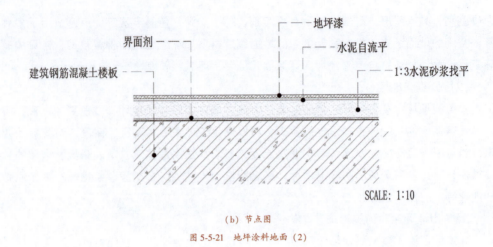

（b）节点图

图 5-5-21　地坪涂料地面（2）

（五）防水涂料

防水涂料在建筑物表面涂刷干燥后能形成防水涂层，起到防潮、防渗、防漏的作用，适用于厨房、卫生间、阳台、地下室等空间。装饰工程中常见的防水涂料有 JS 聚合物防水涂料、丙烯酸酯防水涂料。

第六节　陶　瓷

人类制作和使用陶瓷有着悠久的历史。我国是瓷器的发源地，创造了灿烂辉煌的瓷器文化，影响了整个世界。如今，陶瓷是人们生产和生活中不可或缺的材料。传统的陶瓷是以黏土、石英、长石等天然硅酸盐矿物为主要原料烧制而成，现代陶瓷使用的材料已经扩展到非硅酸盐类化工原料或人工合成原料。

一、陶瓷分类

现代的陶瓷制品种类繁多、应用广泛，从不同的角度对其有不同的分类，以下介绍两种常见的分类。

（一）按坯体的组成原料和特征分类

陶瓷制品根据其坯体的物理性质和特征的不同，可以分为陶器、瓷器和炻器。

1. 陶器

陶器通常具有一定的吸水率且强度较低，其断面粗糙无光，不具有透明性，敲击时会发出粗哑的声响。

陶器分为粗陶和精陶两种。粗陶的坯料一般是由一种或多种含杂质较多的黏土为原料。建筑上所用的砖瓦、陶管和一些日用的缸、盆、罐等属于这一类。精陶的坯料一般是由可塑性黏土、高岭土、长石、石英等组成，坯体呈白色或象牙色。精陶吸水率为9%～12%，最大可达17%。精陶按其用途不同可分为建筑精陶（如釉面砖）、美术精陶和日用精陶。

2. 瓷器

瓷器一般是由瓷石、高岭土为原料，坯体结构致密，吸水率极低，有一定的半透明性，断面细致，颜色洁白，敲击时有金属声。

3. 炻器

炻器是介于陶器与瓷器之间的一类产品，也称为半瓷。炻器与陶器的区别在于，炻器坯体致密，吸水率低，通常小于2%。炻器与瓷器的区别主要是，炻器坯体多数带有颜色且无半透明性。

炻器可分为粗炻器和细炻器两大类。建筑装饰上用的一些外墙砖、地砖，化工用的耐酸陶瓷、缸器均属于粗炻器。日用炻器和工艺陈设品则属于细炻器，如著名的宜兴紫砂陶是一种不施釉的细炻器。

（二）按陶瓷的用途分类

按用途不同，陶瓷可以分为：

1. 日用陶瓷

日常生活中使用的各种陶瓷制品，如茶具、餐具、花器、陈设品和艺术品等。

2. 建筑卫生陶瓷

建筑工程中使用的各种陶瓷制品，如红砖、青砖、瓦、陶瓷墙地砖等建材，马桶、小便斗、洗漱盆等洁具。

3. 工业用陶瓷

工业生产用及工业产品中使用的各种陶瓷制品。这类陶瓷具有耐高温、耐腐蚀、耐磨损、耐冲刷等一系列优点，在现代工业中是一种必不可少的材料。

二、建筑陶瓷

（一）砖

第三章讲到砖作为结构支撑材料是砌筑墙体的重要材料。砖墙砌筑完成后，有时在其表面进行抹灰、涂刷涂料、贴面砖、贴石材等饰面处理，有时则只勾砖缝，不做其他饰面处理，以直接展示砖本身的质感和不同砌筑方式呈现出的纹理，这样的墙体即为清水砖墙。

用于砌筑清水砖墙的砖往往要求其品质优良、外形美观，可作为很好的装饰材料。中国传统建筑中使用青砖砌筑的墙体，不经其他修饰，形成非常典雅、质朴的清水砖墙，经久不衰，以至于很多模仿品层出不穷。其中也有使用多种砌筑方式的清水砖墙，其表面形成丰富的肌理，如空斗墙。世界著名的美国建筑师路易斯·康使用红砖设计出很多伟大的建筑，如图书馆、议会大厦等。我国著名的设计师董豫赣善于使用砖，设计出很多优秀的作品，如清水会馆、红砖美术馆。红砖美术馆可以让观者欣赏到简单的砖通过不同砌筑方式而形成的统一而丰富的视觉效果（见图 5-6-1）。

图 5-6-1　清水砖墙

为了节约资源与空间，减轻墙体重量，丰富砖墙的视觉效果，传统的实心砖逐渐发展为空心砖、多孔砖、切片面砖等多种产品。为了增强砖的视觉表现力，砖的规格和形状也越来越丰富（见图 5-6-2）。

图 5-6-2　干挂砖墙

装饰工程中清水砖墙主要作为饰面装饰材料。实心清水砖墙的砌筑和正常砖墙的砌筑方式一样，注意勾缝的美观即可。切片面砖则通常采用水泥砂浆湿贴、结构胶干粘的方式固定在基层上（见图 5-6-3）。

（二）瓦

瓦是非常重要的屋面防护材料，其种类丰富，如青瓦、陶土瓦、沥青瓦、水泥瓦、

图 5-6-3　切片面砖墙

金属瓦等。中国传统建筑中常使用的是青瓦，其给人以素雅、沉稳、古朴、宁静的美感。青瓦一般指黏土青瓦，是以黏土（包括页岩、煤矸石等粉料）为主要原料，经泥料处理、成型、干燥和焙烧而制成，其颜色并非青色，而是灰青色。青瓦按其形状可分为筒瓦、板瓦、滴水、勾头等种类（见图 5-6-4）。

图 5-6-4　青瓦

　　随着现代建筑技术的进步，青瓦由单一的屋面防护材料扩展到饰面装饰材料，使用的位置从高高在上的屋面扩展到墙面、地面，并以其自身的文化属性和组合出的丰富图案备受设计师的追捧。日本著名建筑师隈研吾创造性地以交叉的金属丝悬挂青瓦的方式使瓦片飘浮在空中，创造出虚实的对比和丰富的光影效果。我国著名的设计师董豫赣在造园中使用板瓦竖向组合成海浪的图案用于地面的铺装，瓦缝中生长出青草，营造出自然、古朴的美感（见图5-6-5至图5-6-7）。

图 5-6-5　青瓦屋面

图 5-6-6　青瓦地面

图 5-6-7　青瓦墙面

为了节约资源与空间，减轻墙体重量，丰富青瓦组合的视觉效果，传统的青瓦逐渐发展出宽度不一的产品，宽度低至10mm，形成纤细的瓦条。为了方便施工，可将数量不等的瓦条黏在纤维网上，形成类似马赛克的模块。也有预制的青瓦模块，呈现以青瓦拼贴出的不同图案，这种产品会更方便施工（见图5-6-8）。

图 5-6-8　青瓦条墙面

（三）金砖

金砖又称御窑金砖，是明清时期专供皇家重要宫殿建筑（如故宫三大殿）使用的一种高质量的铺地方砖。金砖的制作需要经过取土、制坯、烧制、出窑、打磨和浸泡等多道工序，每一道工序中还包含了许多小工序。这些大大小小的工序耗时将近 500 天，制作出的金砖质地坚细，敲之有金石之声，表面温润如玉、丰满油亮、不滑不涩，是中国传统窑砖烧制业中的珍品。

金砖因低调奢华的观感和深厚的文化内涵而备受当代设计师的青睐，如今市场上出现了在传统工艺基础上经过现代技术改良的当代金砖。金砖规格多样，常见的有（长×宽×高）400mm×400mm×40mm、500mm×500mm×50mm、500mm×500mm×55mm、600mm×600mm×70mm、600mm×600mm×75mm、700mm×700mm×80mm、800mm×800mm×45mm、800mm×800mm×95mm 等（见图 5-6-9）。

图 5-6-9　金砖地面

（四）陶瓷墙地砖

陶瓷墙地砖也称为陶瓷砖，是由黏土、长石、石英等为主要原料经过配料、压制成型、高温烧制等工序制成的薄板状建筑陶瓷制品，是一种常用于建筑物室内外地面、墙面的建筑装饰砖（见图5-6-10）。

图 5-6-10　陶瓷砖

根据《陶瓷砖》（GB/T 4100—2015）可知，吸水率不超过 0.5% 的陶瓷砖为瓷质砖。吸水率大于 0.5%，不超过 3% 的陶瓷砖为炻瓷砖。吸水率大于 3%，不超过 6% 的陶瓷砖为细炻砖。吸水率大于 6%，不超过 10% 的陶瓷砖为炻质砖。吸水率大于 10% 陶瓷砖为陶质砖。

常见的陶瓷墙地砖有抛光砖、玻化砖、釉面砖、抛釉砖等。

1. 抛光砖、玻化砖

通体砖的表面不上釉，而且正面和反面的材质和色泽一致，因此而得名。抛光砖是通体砖的一种，是将通体砖坯体表面经过机械研磨、抛光，使其呈现镜面光泽效果。抛光砖具有表面光洁、质地坚硬、强度大、防滑性好等优点，但由于经过抛光后表面会存在微小的凹凸气孔，这些气孔容易藏污纳垢，使得抛光砖的耐污性差。

玻化砖是采用高温烧制而成的瓷质砖，玻化砖具有低吸水率（低于 0.5%）、高耐磨性、高强度、耐酸碱等优点，它是一种强化的抛光砖，克服了抛光砖容易藏污纳垢而耐脏性差的缺点，广泛应用于商场、办公、交通、住宅等空间。玻化砖又称为全瓷抛光砖、全瓷砖。

为了使抛光砖、玻化砖的图案、纹理更加丰富，可以通过渗花技术制作各种仿石、仿木效果，可以通过多管布料工艺生产多种纹理的通体仿石材瓷砖，这类产品的花色与纹路都很自然，细节处略有变化，常见的有通体大理石瓷砖，它是替代天然大理石的优良产品（见图5-6-11）。

图5-6-11　通体大理石瓷砖

2. 釉面砖、抛釉砖

釉面砖是指表面经过施釉和高温高压烧制处理的砖，由坯体和釉面两部分组成。坯体分为陶土和瓷土两种，陶土烧制出来的坯体，背面呈红色，吸水率较高，强度相对较低；瓷土烧制的坯体，背面呈灰白色，吸水率较低，强度相对较高。釉面的主要作用是增加瓷砖的美观性和抗污性。

釉面砖的釉面上可以制作各种图案和花纹，装饰效果较好。同时，由于釉面非常致密，污物难以进入坯体内部，因其抗污性能和防渗水性较好，使釉面砖比较便于打理，适用于厨房和卫生间等油污较多的空间。但其釉面存在耐磨性不佳的缺点。

抛釉砖又称全抛釉砖，是一种对釉面进行抛光的釉面砖。抛釉砖的坯体常使用吸水率低（低于0.5%）的瓷质坯体，在坯体上施底釉。采用数码喷墨技术将高分辨率的图案打印在坯体上，无论是石材、木材的花纹都能很清晰自然地呈现出来，再施釉、抛光，最后再施以一道透明的高强度釉（见图5-6-12）。

抛釉砖具有吸水率低、强度高，光泽度高（光泽度可控），图案丰富、色彩逼真，抗污性、防水性与耐磨性较好的优点，被广泛应用于室内各空间。

3. 陶瓷墙地砖的规格

陶瓷墙地砖的规格较多，釉面砖常见的规格（长×宽）有100mm×100mm、200mm×200mm、300mm×300mm、400mm×400mm、300mm×600mm等，厚度为5~10mm。其他种类砖常见的规格（长×宽）有600mm×600mm、800mm×800mm、1000mm×1000mm等，厚度为8~12mm。

图 5-6-12　釉面砖

随着技术的发展和人们认知的改变，陶瓷墙地砖出现朝着大规格发展的趋势，诸如幅面 600mm×1200mm、900mm×1800mm、1000mm×2400mm、1200mm×2400mm 等规格的产品已被广泛使用，且这些产品的厚度和普通陶瓷砖相同，有的还会更薄，市场上称其为陶瓷薄板，一些厂家的产品幅面可以做到 1600mm×3200mm，厚度薄至 5.5mm。这种陶瓷薄板能创造出更富有吸引力的效果，极大地增强了陶瓷墙地砖的视觉表现力。

4. 陶瓷墙地砖的艺术表现力

陶瓷墙地砖采用釉面和数码喷墨打印技术可以生成丰富的纹理和图案，也可以很真实地模拟石材、木材等材料的纹理，理论上所有的图案都可以表现，这极大地提高了其艺术表现力。陶瓷墙地砖采用模具和深雕墨水打印技术，可以生成丰富多变、自然逼真的肌理，模仿布纹、木纹、金属等多种质感，这使得陶瓷墙地砖的应用范围得到了极大的扩展（见图 5-6-13）。

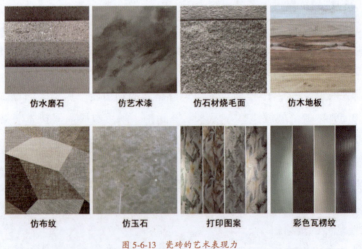

仿水磨石　　仿艺术漆　　仿石材烧毛面　　仿木地板

仿布纹　　仿玉石　　打印图案　　彩色瓦楞纹

图 5-6-13　瓷砖的艺术表现力

5. 陶瓷墙地砖的施工工艺与构造

在装饰工程中，常用的陶瓷砖的安装方式有两种：干挂和粘贴。陶瓷砖的干挂方式与石材干挂的施工工艺相同，此处不再赘述，下面主要介绍陶瓷砖粘贴的施工工艺。

陶瓷砖粘贴是指使用黏结剂固定陶瓷砖于基层，常见的黏结剂有水泥砂浆、胶泥、结构胶等。基层不同，使用的黏结剂不同，如基层为水泥砂浆基层时，可采用水泥砂浆、胶泥（水泥胶）作为黏结剂；基层为人造板、金属等非水泥砂浆基层时，可用结构胶作为黏结剂。

（1）墙面陶瓷砖粘贴施工工艺与构造

墙体为剪力墙，砖、砌块墙，型钢墙体等。

①预排版：若为仿大理石、木纹等有花纹的陶瓷砖，铺贴前要根据设计要求提前进行花纹预排版。

②基层处理：将墙面上的杂物清理干净。在剪力墙或砖、砌块墙上涂刷界面剂，增强基层与找平砂浆的黏结效果。

③找平：使用 1∶3（水泥∶砂）水泥砂浆对墙面找平。

④放线：根据设计要求在墙面弹出标高线和分格线。

⑤陶瓷砖浸泡：陶瓷砖在铺贴前应在水中充分浸泡，一般为 2h～3h，阴干备用（吸水率小于 2% 的陶瓷砖不用浸泡）。

⑥陶瓷砖粘贴：要根据陶瓷砖的吸水率选择合适的黏结剂，当陶瓷砖的吸水率大于 5% 时可选用素水泥膏，小于 5% 时建议使用瓷砖胶等专业的胶黏剂。

在陶瓷砖背面满刮黏结剂，然后将其镶嵌到位，用木槌或橡皮锤轻轻敲击陶瓷砖表面，使其粘贴牢固，也起到找平的作用。

若陶瓷砖用于厨房、卫生间等潮湿空间，防水层之上要做拉毛处理，增强黏结剂的附着力。

⑦嵌缝：将陶瓷砖表面打扫干净，清理缝隙中多余的黏结剂，再根据设计要求选用专用的陶瓷砖填缝剂嵌缝（见图 5-6-14、图 5-6-15）。

（2）地面陶瓷砖粘贴施工工艺与构造

①预排版：若为仿大理石、木纹等有花纹的陶瓷砖，铺贴前要根据设计要求提前进行花纹预排版。

②基层处理：将地面上的浮浆、松动混凝土、砂浆等杂物清理干净，用钢丝刷刷掉水泥浆皮并打扫干净，然后涂刷界面剂。

③找平：根据设计要求在墙面弹出水平线。使用 1∶3 干硬性水泥砂浆对地面找平。

④浸泡：陶瓷砖在铺贴前应在水中充分浸泡，一般为 2h～3h，阴干备用（吸水率小于 2% 的陶瓷砖不用浸泡）。

⑤粘贴：根据设计要求在地面弹出分格线。在陶瓷砖背面满刮黏结剂（素水泥膏或瓷砖胶），再用毛刷沾水湿润砂浆表面，把陶瓷砖对准铺贴位置，使板块四周同时落下，用木槌或橡皮锤将石材敲击平实，随即清理板缝内的水泥浆。

⑥嵌缝：地面陶瓷砖经过养护，可根据设计要求选用专用的陶瓷砖填缝剂嵌缝（见

（a）三维图

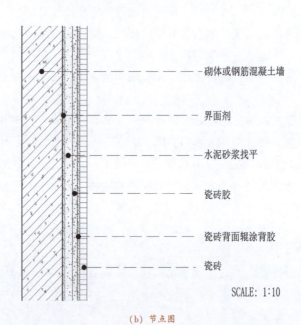

SCALE: 1:10

（b）节点图

图 5-6-14 瓷砖墙面——瓷砖胶粘贴

图 5-6-16）。

（3）陶瓷砖干粘法施工工艺与构造

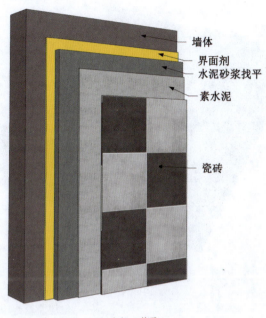

（a）三维图

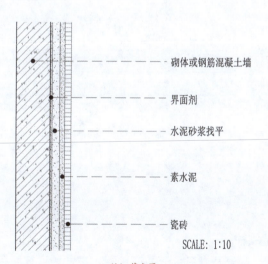

SCALE: 1:10

（b）节点图

图 5-6-15 瓷砖墙面——素水泥粘贴

陶瓷砖干粘法的施工工艺与石材相似，此处不再赘述。

（五）陶瓷马赛克

陶瓷马赛克也称为陶瓷锦砖，具体指可单独铺贴的小规格陶瓷砖。

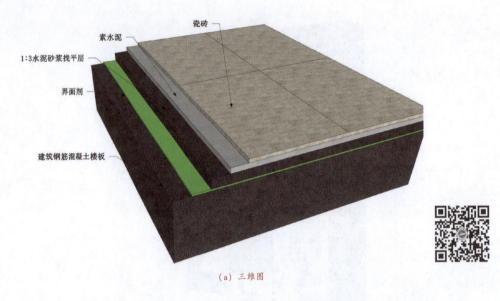

素水泥
1:3水泥砂浆找平层
界面剂
瓷砖
建筑钢筋混凝土楼板

（a）三维图

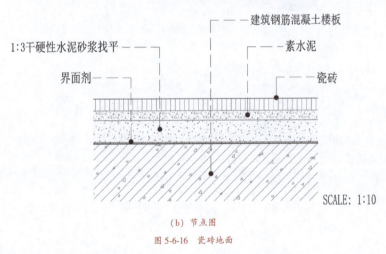

1:3干硬性水泥砂浆找平
界面剂
建筑钢筋混凝土楼板
素水泥
瓷砖

SCALE: 1:10

（b）节点图

图 5-6-16　瓷砖地面

1. 陶瓷马赛克的品种

按表面性质不同，陶瓷马赛克可分为有釉和无釉两种；按颜色不同，可分为单色、混色和拼花等；按形状不同，可分为正方形、长方形、六角形和菱形等。

2. 陶瓷马赛克的规格

陶瓷马赛克形状常见的为正方形，其规格（长×宽）有 20mm×20mm、25mm×25mm、30mm×30mm 等，厚度为 6~8mm。陶瓷马赛克一般会在出厂前按设计的图案拼好，然后将其粘贴在网格布上并组成一联，每联大小约为 300mm 见方，这样方便运输及安装。

3. 陶瓷马赛克的应用

陶瓷马赛克具有陶瓷砖的优点，其质地坚实、抗压强度高、吸水率低，有良好的耐污染性、耐腐性、耐磨性等，可用于多数空间的墙面、地面装饰。此外，陶瓷马赛克的最大优点在于其具有多种色彩和不同形状，可拼贴成各种颜色的图案，极大地提高了陶瓷砖的个性化艺术表现力，因而受到设计师和市场的追捧（见图5-6-17）。

图 5-6-17　陶瓷马赛克

随着市场需求的多元化发展，制造商生产出其他材质的马赛克产品，如金属马赛克、玻璃马赛克、石材马赛克、木材马赛克、贝壳马赛克、树脂马赛克、红砖马赛克等，相信未来会有更多的材料用于制作马赛克。在此基础上，马赛克的形状、尺寸、色彩更加多样化，拼贴出的图案更丰富，如将厚度不一的马赛克拼贴在一起能形成独特的光影效果（见图5-6-18）。

4. 陶瓷马赛克的施工工艺与构造

陶瓷马赛克的施工工艺与陶瓷砖的施工工艺相同。

（六）软瓷

软瓷是改性无机粉复合建筑饰面片材的俗称，它是以改性无机粉为主要原料，添加高分子聚合物，经成型、交联、加热、复合制成的，能表现各种砖、木材、石材、皮革、陶瓷、编织物和浮雕等效果的，厚度为 2mm~10mm，具有柔性的可回收再生的轻质建筑饰面片材。根据《改性无机粉复合建筑饰面片材》（JC/T 2219—2014），改性无机粉是采用泥土（如建筑废弃泥土、山土等）、石粉、矿渣、尾矿粉、陶瓷渣粉、石英砂、粉煤灰等无机材料，经预处理、干燥、粉磨，按配比拌和均匀，再用表面活性剂进行改

图5-6-18 不同材料和形状的马赛克

性得到的粉料。改性无机粉复合建筑饰面片材代号为 MCM。

软瓷由于诞生之初具有瓷砖的外观效果，故有此称，所以它非真正的瓷，也不是瓷砖。

1. 软瓷的特性

①绿色环保、安全健康。软瓷的原材料是天然和可再生资源，无毒无害，其生产过程具有低能耗和低污染的特点。

②轻、薄、韧性好。软瓷的常见厚度为 2~4mm，重量为瓷砖的 1/4~1/6，节省空间，方便运输，安全性更高。软瓷质地柔软且韧性好，可适度弯曲，能满足异形造型的需求。

③抗污自洁。特殊纳米釉面，抗污能力强。防火性能好。原材料为无机粉，防火性能优越，燃烧性能达到 A 级。

④施工简便，成本较低。适用于多种基面，用黏结剂可直接粘贴，施工方便，工期短、成本低。

⑤纹理丰富。软瓷能表现各种砖、木材、石材、皮革、陶瓷、编织物和浮雕等材质的效果。随着技术的发展，软瓷的视觉表现力也会愈加丰富。

2. 软瓷的施工工艺

软瓷的施工工艺与陶瓷砖的施工工艺相同，一般采用专用的黏结剂将其黏结在基层上即可。

（七）文化砖

文化砖是指通过对砖面作艺术仿真处理，以达到仿青砖、仿红砖、仿板岩、仿砂岩、仿木纹石、仿鹅卵石、仿文化石等材质的效果，其色彩丰富、肌理多样，增强了视觉表现力，具有很好的装饰效果（见图 5-6-19 至图 5-6-21）。

图 5-6-19　文化砖

图 5-6-20　仿青砖文化砖墙

制作文化砖的材料有陶土、岩石碎屑、水泥、骨料和颜料等。文化砖主要作为墙面的装饰材料，其形态多样，常见的为长方形板状，主要规格为（长×宽）60mm×240mm、60mm×220mm、60mm×190mm、40mm×250mm 等，厚度为 4～10mm。

文化砖的施工工艺与陶瓷砖的施工工艺相似。

图 5-6-21　仿石材文化砖墙

第七节　装饰织物与皮革

装饰织物与皮革是现代装饰材料的重要组成部分，在室内空间中能直接影响室内的光线和色彩，营造出不同的空间氛围。除了具有美化室内的装饰作用，它们还可改善建筑物的某些性能，如防火、防臭、防霉、吸声、隔声等。

装饰织物主要是以天然纤维、化学纤维和无机纤维等纤维为原料的纤维织物制品，主要包括墙布、墙纸、地毯、布艺、皮革、窗帘等产品。

一、墙纸

墙纸也称壁纸，是以纸为基底材料，表面经过涂装、印花等工序制作而成。墙纸具有品种多、色彩图案多样、质轻美观、吸声性能好、施工效率高等优点，是一种常见的室内装饰材料（见图 5-7-1）。

（一）墙纸的分类

墙纸根据原料的不同，可分为聚氯乙烯壁纸、织物复合壁纸、金属壁纸、复合纸质壁纸、纸基墙纸等。

1. 聚氯乙烯壁纸

聚氯乙烯壁纸，即 PVC 塑料壁纸，是以纸为基材，以聚氯乙烯（PVC）树脂为涂层，经压延或涂布以及印刷、轧花或发泡等工艺制成。PVC 塑料壁纸的花色品种多，可

图 5-7-1　墙纸

图 5-7-2　客房墙纸背景墙

以仿制出瓷砖、大理石、皮革、织物等多种材质的外观效果，还具有耐磨、耐折、耐擦洗、耐老化等特点，是目前最广泛使用的壁纸。

2. 织物复合壁纸

织物复合壁纸是以丝、棉、毛、麻等天然纤维与纸基复合而成的，具有色彩柔和、质感舒适、吸声、无毒、无异味等特点，是一种美观、大方、典雅的高档壁纸，但价格偏高，不易清洗。

3. 金属壁纸

金属壁纸以纸为基材，其上以铝膜复合而成，铝膜表面可以进行多种工艺处理，如压花、印花等，能形成金、银、拉丝不锈钢、镜面不锈钢、黄铜、红铜等多种金属的色泽，具有耐老化、耐擦洗、不变色等优点。

4. 复合纸质壁纸

复合纸质壁纸由双层纸（表纸和底纸）经过施胶、层压复合在一起，后经印刷、压花、涂刷制成，其色彩图案丰富、立体浮雕效果较好。

（二）墙纸的规格

市面上的墙纸的规格有很多，一般都是整卷销售。根据国家标准《聚氯乙烯壁纸》（QB/T3805—1999）的规定，成品壁纸的宽度为 530±5mm 或 900~1000±10mm。530mm 宽的成品壁纸每卷长度为 10±0.05m。900~1000m 宽的成品壁纸，每卷长度为 50±0.05m。另外，根据厂家、生产工艺等各方面因素，规格上会有些差异。

（三）墙纸的施工工艺与构造

①基层处理：墙纸的基层需要平整、干净，根据墙体的实际情况选用不同的基层。普通混凝土墙、砖墙、纸质石膏板隔墙需要以腻子层作为基层，其具体施工工艺与乳胶漆基层处理方式相似。腻子层施工完毕后，其上采用辊涂或喷涂的方法涂刷封底的涂料或底胶作基层封闭处理，一般不少于两遍。封闭处理的目的是防止基层吸水太快，引起胶黏剂脱水，削弱墙纸与墙壁之间的黏结效果。原为乳胶漆饰面的墙面，表面需要用砂纸打磨处理后方可施工。

②基层弹线：为了将墙纸粘贴得规整，每个墙面的第一幅壁纸都要找垂直线作为壁纸施工的基准线。

③墙纸壁纸处理：根据设计要求对墙纸进行裁割下料、对花、对缝、拼缝等处理。

④涂刷胶黏剂：墙纸粘贴应采用专业的胶黏剂。胶黏剂的涂刷，应当做到薄而均匀，不得漏刷，墙面阴角部位应增刷胶黏剂 1~2 遍。不同种类的墙纸，其胶黏剂的涂刷方式也不同，可分为在墙纸的背面涂胶、在被裱糊的基层上涂胶以及在墙纸背面和基层上同时涂胶。

⑤粘贴：粘贴壁纸也称为裱糊壁纸，墙纸的粘贴要先垂直面后水平面，垂直面要先上后下，先保证垂直，后对花、拼缝。还要尽力保证墙纸幅面的完整，减少拼缝。墙纸的边缘应裁切平直整齐，没有纸毛、飞刺。

⑥清洁收尾：墙纸粘贴要求平整、干净、光洁，其表面的胶水和污迹要及时处理干净。

二、墙布

墙布也称壁布，是用天然纤维或化学纤维织成的布为基底材料，表面经过涂装、印花等工序制作而成，也可用无纺成型方法制成。墙布的色彩多样，图案丰富，立体感强，手感舒适，富有弹性，耐磨且方便清理，具有一定吸音、隔音的作用，是一种常用的室内装饰材料（见图5-7-2）。

（一）墙布的分类

墙布使用的天然纤维包括毛、棉、麻、丝及其他植物纤维等；化学纤维通常被分为

图 5-7-2 墙布

人工纤维与合成纤维两大门类，包括醋酸纤维、三酸纤维、聚丙烯腈纤维、变性聚丙烯腈纤维、锦纶、聚酯纤维、聚丙烯纤维、玻璃纤维、矿棉纤维及非纺织纤维等。根据原料的不同，墙布可分为纱线墙布、玻璃纤维墙布、无纺墙布、棉纺墙布、化纤墙布、锦缎墙布，等等（见图 5-7-3）。

图 5-7-3 墙布上的绣花起到点睛之笔

（二）墙布的规格

为了克服传统墙纸拼接时出现的对缝困难、接缝起翘等缺点，市场上的壁布高度多为 2800mm～3000mm，长度可根据需要铺贴墙面的长度定制。这样既可呈现出更贴合墙面尺寸的无缝拼接效果，又能延长墙布的使用寿命。

（三）墙布的施工工艺与构造

墙布的施工工艺与墙纸的施工工艺相似。

三、地毯

地毯是以天然纤维或者人造纤维为原料，经人工或机械工艺进行编织、栽绒或纺织而成的软性铺地织物的总称。地毯质地柔软、脚感舒适、色彩多样、图案丰富，能起到防滑、保温、吸声、抑尘等作用，还具有典雅、美观、华丽的装饰效果，是一种经久不衰的室内装饰材料，广泛应用于酒店、会议室、会客室、住宅等空间（见图 5-7-4）。

图 5-7-4　地毯

（一）地毯的分类

1. 按材质分类

地毯按材质可分为天然纤维地毯、化学纤维地毯、混纺地毯和塑料地毯。

（1）天然纤维地毯

天然纤维地毯是以棉、麻、丝、毛等天然的植物或动物纤维为主要原料制作而成，这类地毯自然舒适、健康环保，是比较高档的地面装饰材料。丝、毛是高级地毯常用的制作材料。但这类地毯的价格偏高、维护成本高。

（2）化学纤维地毯

化学纤维地毯即合成纤维地毯、化纤地毯，是以丙纶、腈纶、锦纶、涤纶等合成纤维为主要原料制作而成。化纤地毯的观感和触感与羊毛相似，耐磨且富有弹性，经过特殊工艺处理后可具有防污、防静电、防虫等优点。

（3）混纺地毯

混纺地毯常以羊毛纤维和各种合成纤维按一定比例混纺后编织而成。合成人造纤维的加入，可以显著改善地毯的某些性能，如耐磨性、抗污性等。

（4）塑料地毯

塑料地毯是采用聚氯乙烯（PVC）树脂、增塑剂等多种辅助材料，经均匀混炼、塑制而成的。塑料地毯色彩丰富、阻燃性好、易于打理。这种地毯常作为地垫使用。

2. 按地毯幅面形状分类

按幅面形状的不同，地毯可分为块状地毯和卷状地毯。

（1）块状地毯

块状地毯多为方形和长方形，也有三角形、圆形等异形地毯。块状地毯可以分为独立使用和组合使用两种。独立使用的块状地毯规格不一，常铺设于门口、沙发前、床前等局部位置，主要作为软装使用，起到点缀空间的作用（见图 5-7-5）。组合使用的块状地毯，常称为方块地毯，单片幅面规格多为 500mm×500mm，如同瓷砖一样一块块地铺满整个空间。方块地毯施工工艺简单，防火耐磨，换洗方便，常用于办公、会议等空间（见图 5-7-6）。

图 5-7-5　独立使用的块状地毯

（2）卷状地毯

卷状地毯是加工成宽幅的成卷包装的地毯，其幅宽为 1~4m，每卷长度为 20~50m。

图 5-7-6　会议室中的方块地毯

卷状地毯适合于大空间满铺，铺装效果整体、美观、高档。但卷状地毯满铺施工工艺较复杂，且不易清扫，破损后不易更换（见图 5-7-7、图 5-7-8）。

图 5-7-7　会议室满铺地毯

（二）地毯的施工工艺与构造

1. 方块地毯

①基层处理：地毯的基层应该平整、干燥、坚固、干净。

②放线：根据空间的尺寸和方块地毯的实际尺寸，做好铺装设计，选好起铺点，然后在基层表面弹出方格控制线。

③铺贴：依照放好的控制线从起铺点开始铺贴，应使地毯紧密贴合。在人流量比较

图 5-7-8 酒店接待区满铺地毯

大的位置可在基层上刷少量胶黏剂，以增加地毯的稳固性。亦可以使用成品的胶贴。撕下胶贴，胶贴四分之一贴地毯的一个角，沿胶贴分隔线，贴装第二块地毯，以此类推铺贴第三块、第四块。

④铺装图案：方块地毯上的图案常带有方向性，同一图案的块毯按不同方向来铺装会产生不同的效果，不同图案的地毯的组合则会产生丰富的图案变化（见图 5-7-9）。

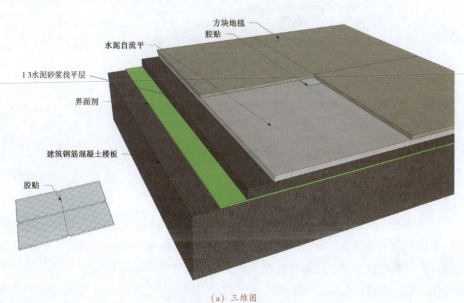

（a）三维图

图 5-7-9 方块地毯地面（1）

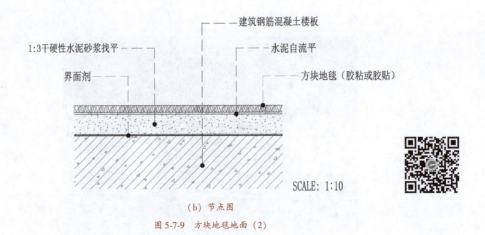

1:3干硬性水泥砂浆找平 ————————————— 建筑钢筋混凝土楼板

界面剂 ——————————— 水泥自流平

方块地毯（胶粘或胶贴）

SCALE: 1:10

（b）节点图

图 5-7-9　方块地毯地面（2）

2. 卷状地毯满铺

①基层处理：地毯的基层应该平整、干燥、坚固、干净。

②固定倒刺：倒刺板是地毯的专用固定辅料，板条多为胶合板加工而成，规格多样，常见的约 1200mm×20mm×6mm，其上有两排斜向铁钉，用于钩挂住地毯；还有数枚水泥钢钉，钉距 300mm 左右，用于将倒刺板固定在地面上。倒刺板多沿墙角和柱脚的四周固定，板上铁钉朝向墙面，板与墙面留有适当空隙，便于地毯收口（见图 5-7-10）。

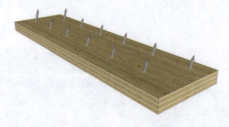

图 5-7-10　倒刺板

③固定踢脚线。常见的踢脚线有木质踢脚线、塑料踢脚线、不锈钢踢脚线等。

④铺衬垫：对于无底垫的地毯，地面应当铺设衬垫，衬垫一般为橡胶海绵材质。地垫拼缝处用胶带全部或局部黏合，防止衬垫滑移。

⑤裁剪地毯：根据铺地毯部位的尺寸和形状，用裁边机对地毯进行裁切，裁切的地毯每段要比铺装长度多 20～30mm，宽度以裁去地毯的边缘后的尺寸计算。在拼缝处于地毯背面弹出裁割线，切口应要整齐顺直以便于紧密的拼接。

⑥铺地毯：先将准备好的地毯的一条长边挂在倒刺板的铁钉上，再用压毯铲将地毯边塞入倒刺板与踢脚之间的缝隙内。使用张紧器（地毯撑子）将地毯沿一个方向，从固定的一边向另一边推移拉紧，最后推到终端时，将地毯同样固定在倒刺板上。对于多余

的地毯，用裁毯刀将其割掉即可。一个方向铺装完毕，再进行另一个方向的铺装，最终将地毯的四个边都固定于倒刺板上。

地毯的接缝一般采用对缝拼接，常见的拼接方式有两种，一种是粘接的方式，将已经铺设好的地毯接缝处掀起，在其下用专用粘接胶带粘接成整体。另一种是缝合的方式，即将地毯接缝处缝合使之成一个整体。拼接地毯时，要注意地毯接缝处的花纹、图案要吻合。

⑦清理地毯：清扫地毯表面的杂物，用吸尘器清理表面的灰尘（见图 5-7-11）。

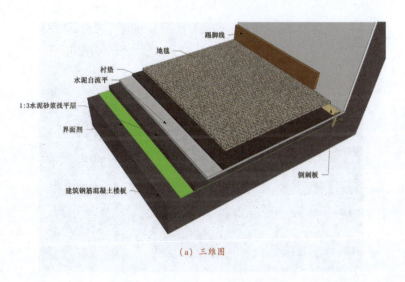

（a）三维图

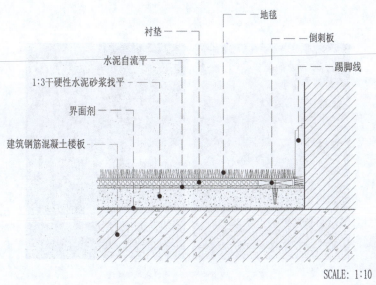

SCALE: 1:10

（b）节点图

图 5-7-11　卷状地毯满铺地面

四、布艺、皮革

布艺、皮革是现代室内设计中一种不可或缺的装饰材料，它们可以弱化室内生硬的线条，丰富室内色彩，有些产品还便于更换，有利于丰富空间氛围，主要用于制作软硬包、窗帘、椅垫、沙发套、床上用品、台布、壁挂等（见图5-7-12）。布艺的主要材料为各种天然纤维和化学纤维，常见的产品有棉布、麻布、丝绸、呢绒、化纤、混纺等。皮革则有天然皮革和人造皮革之分（见图5-7-13）。

图 5-7-12　餐厅顶面的布艺装饰

图 5-7-13　利用纱布的透明性营造朦胧美

（一）布艺、皮革的分类

1. 棉布

棉布是以棉纱线为原料的有机织物。棉布具有柔软舒适、吸湿性好、透气性强、易于加工等特点。

2. 麻布

麻布是以大麻、亚麻、苎麻、黄麻、剑麻、蕉麻等各种麻类植物纤维制成的一种布料。其特点是质感粗糙、质朴。

3. 丝绸

丝绸是以蚕丝为原料纺织而成的各种丝织物的统称。它具有轻薄、柔软、丝滑、透气、色彩绚丽、富有光泽等特点，但其易生褶皱、易破损、易褪色。

4. 化学纤维布料

化学纤维布料简称化纤布料，它是以化学纤维为原料制作而成的布料。其优点是质地柔软、色彩鲜艳、滑爽舒适，缺点是耐磨性、耐热性、吸湿性、透气性较差，且容易产生静电。

5. 混纺布料

混纺布料是将天然纤维与化学纤维按照一定的比例混合纺织而成的布料。其优点是既吸收了天然纤维和化学纤维各自的优点，又尽可能地避免了它们的缺点。

6. 皮革

皮革有天然皮革和人造皮革之分。

（1）天然皮革

天然皮革是指将动物皮经过物理及化学处理，除去了其中无用的成分后，形成的柔软且不易腐烂的物质。

天然皮革按动物来源主要有牛皮、猪皮、羊皮、马皮、驴皮等，其中牛皮、羊皮、猪皮是最常见的。牛皮皮面细、强度高，主要有黄牛皮、水牛皮、牦牛皮等。羊皮轻、薄、柔软，主要有山羊皮和绵羊皮两种。

天然皮革可进行多层分割，按层次常分为头层皮和二层皮。最外层的为头层皮，质量最好。头层皮按照表层处理工艺可以分全粒面皮、半粒面皮、修面皮、压纹皮、磨砂皮等。一般对头层皮以外的各层统称为二层皮，品质不及头层皮。二层皮有漆面皮、贴膜皮、绒面皮、反绒皮等品种。

（2）人造皮革

人造皮革主要有聚氯乙烯（PVC）人造革和聚氨酯（PU）合成革。聚氯乙烯（PVC）人造革主要是以PVC树脂、增塑剂、稳定剂、颜色等为原料经过一系列加工塑化成薄膜并粘在布上而制成。PVC人造革具有色彩丰富、花纹多样、价格较低、防水性能好、边幅整齐、利用率高等特点，但其质感与天然皮革差距较大。聚氨酯（PU）合成革主要是以 PU 树脂经加工成薄膜粘在布上而制成。PU 合成革除具有 PVC 人造革的优点外，还有强度高、耐老化性能好等优点，其质感与天然皮革较为相似（见图 5-7-14）。

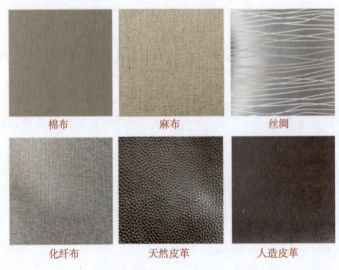

| 棉布 | 麻布 | 丝绸 |
| 化纤布 | 天然皮革 | 人造皮革 |

图 5-7-14　布艺、皮革

（二）布艺、皮革软硬包的施工工艺与构造

软硬包是使用布艺、皮革等柔性材料作为面料加以包装的内墙面装饰工艺。软硬包质地柔软、色彩柔和，能够柔化和美化空间，软包还具有吸音、防撞的功能（见图 5-7-15、图 5-7-16）。

①基层板的安装：软硬包的基层需要平整、牢固，要先在普通混凝土墙、砖墙上通过龙骨骨架找平，然后在其上铺设基层板，基层板常用阻燃胶合板。轻钢龙骨隔墙直接铺设阻燃胶合板即可。

②放线：根据设计要求，通过放线，把软硬包的尺寸与造型落实到墙面上。

③制作软硬包块：首先，切割符合设计规格要求的衬板，衬板一般采用胶合板、密度板、玻镁板等。其次，将订制好的边框固定在衬板上，边框外缘与衬板外缘齐平。再次，将海绵、超细玻璃丝棉、泡沫塑料等填充材料裁切后铺设在边框内，填充材料要略高于边框。铺设时可用万能胶将填充材料粘在衬板上，保证其平整不松动。最后，裁切面料，注意面料的花纹及纹理方向，将面料包裹住做好的衬板，用钉子将面料固定在衬板上。以上是软包块制作的工艺，硬包不使用边框和填充材料，只用面料包裹衬板并固定好即可。

④固定安装：软硬包块的固定，可以使用干挂、胶粘、枪钉、魔术贴等方式，需根

图 5-7-15　客房床头背景墙硬包

图 5-7-16　酒店休息区墙面软包

据设计要求合理选用。

五、窗帘

窗帘是现代室内设计中不可或缺的装饰材料，它具有调节光线、保护隐私、吸声降噪的作用。同时，窗帘形式多样，色彩、图案丰富，具有良好的装饰性，能创造独特的室内氛围。

（一）窗帘的分类

窗帘按材质可分为布艺窗帘、金属窗帘、竹木窗帘、树脂窗帘等种类，按形态可分为普通推拉帘、百叶帘、垂直帘、卷轴帘、风琴帘等。

1. 普通推拉帘

普通推拉帘是室内装饰中最常见的窗帘类型，主要由帘体、轨道和其他配件组成。帘体主要由各种布料制成，按功能可分为透光（纱帘）和不透光（遮光帘）两种。轨道主要分为杆式和滑轮式两种，杆式轨道较为美观，一般以明装方式呈现；滑轮式轨道使用较为方便，一般以暗装的方式呈现，即安装在窗帘盒中。配件包括挂钩、绑带、窗钩、配重物等（见图 5-7-17、图 5-7-18）。

图 5-7-17　杆式轨道推拉帘

图 5-7-18　滑轮式轨道推拉帘

2. 百叶帘

百叶帘是由许多叶片横向连接而成的，叶片可以垂直方向调节角度，也可以上下折叠开合，既能控制视线和光线，又能形成丰富的光影变化。其主要构件包括叶片、轨道和控制系统。叶片主要由竹、木、PVC、铝合金等材料制成，其中竹、木材质具有天然、典雅的气质，PVC、铝合金则稳定性好、易打理（见图5-7-19）。

叶片关闭状态　　　　叶片旋转状态　　　　叶片打开状态

图 5-7-19　百叶帘

3. 垂直帘

垂直帘又称为立式帘、垂直百叶帘，其特点在于将许多叶片垂直悬挂于轨道上，叶片可以在水平方向调节角度，也可以左右折叠开合，以此来控制视线和光线。垂直帘主要由叶片、轨道、下摆珠帘和控制系统组成。叶片主要由布料、竹、木、PVC、铝合金等材料制成（见图5-7-20）。

图 5-7-20　垂直帘

4. 卷轴帘

卷轴帘又名卷式窗帘，是通过卷管的转动带动整幅帘体上下卷动开合而得名。卷轴帘操作简便，外观简洁大方，可使窗框显得干净利落。卷轴帘主要由帘体、卷管和控制系统组成。帘体主要由聚酯涤纶布料、玻纤布料等布料和竹、木条制成（见图5-7-21）。

图 5-7-21　卷轴帘

5. 风琴帘

风琴帘也称为蜂巢帘，因在外形上类似手风琴拉开的立体形状，又形似蜂巢而得名。风琴帘简单实用、美观。它能让空气存储于中空层，有良好的保温隔热作用。卷轴帘主要由帘体、轨道和控制系统组成。其中，帘体一般由无纺布制成（见图5-7-22）。

上述窗帘的调节、开合都可以手动或电动操作，随着技术的进步，遥控操作、智能操作等方式也越来越普及。

（二）窗帘盒的施工工艺与构造

窗帘盒的作用是与吊顶部分形成有机的整体，将窗帘轨道隐藏在窗帘盒内，保证顶面的整洁，常见的形式有明装式和暗装式两种。

①明装式窗帘盒是在窗户上部的吊顶处做出一条与墙面相同长度的遮挡板，将窗帘轨道安装在遮挡板后的吊顶上（见图5-7-23）。

②暗装式窗帘盒是在窗户上部的吊顶处留出一条凹槽，在凹槽底部安装窗帘的轨道。暗装式窗帘盒使吊顶更平整，观感更为整洁（见图5-7-24）。

图 5-7-22 风琴帘

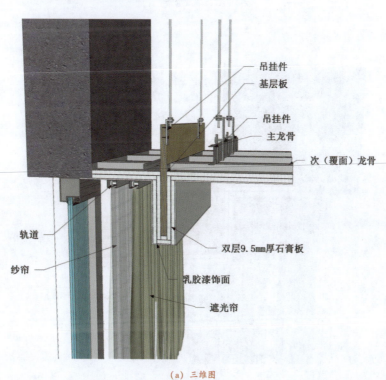

（a）三维图

图 5-7-23 明装式窗帘盒（1）

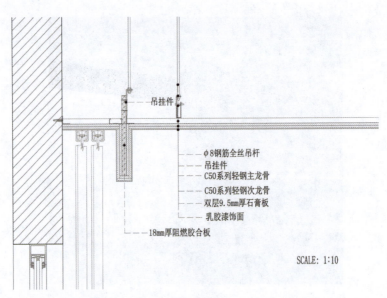

吊挂件

φ8钢筋全丝吊杆
吊挂件
C50系列轻钢主龙骨
C50系列轻钢次龙骨
双层9.5mm厚石膏板
乳胶漆饰面

18mm厚阻燃胶合板

SCALE: 1:10

（b）节点图

图 5-7-23　明装式窗帘盒（2）

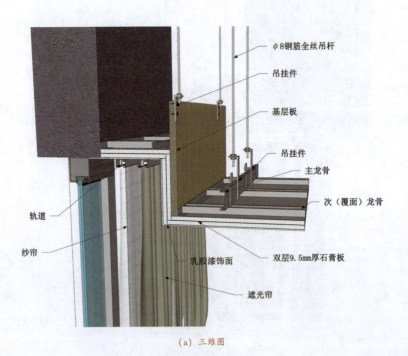

φ8钢筋全丝吊杆

吊挂件

基层板

吊挂件

主龙骨

次（覆面）龙骨

轨道

纱帘

乳胶漆饰面

双层9.5mm厚石膏板

遮光帘

（a）三维图

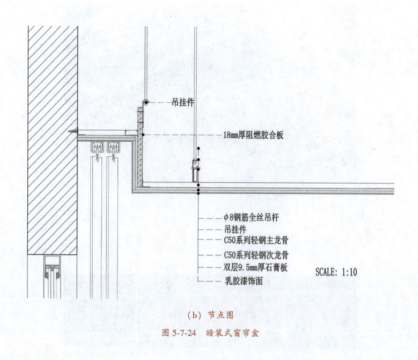

（b）节点图

图 5-7-24　暗装式窗帘盒

第八节　综　合　类

一、弹性地板类

（一）塑料地板

塑料地板有聚氯乙烯地板（PVC 地板）、氯乙烯-醋酸乙烯地板、聚乙烯地板、聚丙烯地板等品种。目前市场上常见的塑料地板为 PVC 地板。PVC 地板是以聚氯乙烯及其共聚树脂为主要原料，加入填料、增塑剂、稳定剂、着色剂等辅料，经涂敷工艺或经压延、挤出或热压工艺在片状连续基材上制作而成的（见图 5-8-1）。PVC 地板常被称为塑胶地板，它不仅品种丰富、图案多样，可以模仿木纹、石材、地毯、水泥等纹理，满足不同空间氛围营造的需要（见图 5-8-2）；而且性能好，具有良好的防滑性、耐磨性、耐水性、耐腐蚀性等。PVC 地板属于弹性地板，脚感舒适。此外，PVC 地板还具有价格较低廉、施工方便、维护成本低等优势，因此，它被广泛用于医院、图书馆、美术馆、办公室、影剧院等空间（见图 5-8-3）。

1. PVC 地板的规格

PVC 地板按形状可分为卷材和块材。卷材规格：1. 2m ~ 2m（宽）×16m ~ 25m

图 5-8-1　PVC 地板

图 5-8-2　图案丰富的 PVC 地板

图 5-8-3　图书馆定制图案的 PVC 地板

（长）。块材尺寸：300 mm×300mm、600mm×600mm、152mm×914mm、457mm×914mm、304mm×609mm、457 mm×457mm 等。

2. PVC 地板的施工工艺与构造

①基层处理：地板的基层应该平整、干燥、坚固、干净。

②放线：根据空间的尺寸和地板的实际尺寸，做好铺装设计。先选好起铺点，然后在基层表面弹出控制线。

③预铺及切割：块材铺装时，两块材料之间应紧贴，接缝密实。卷材铺装时，可使用专业的修边器对卷材的接缝处进行切割清理。两块卷材的搭接处应重叠，搭接宽度一般不少于20mm。

④粘贴：选择适合地板的专用黏结剂及刮胶板。首先将基层和地板背面清扫后涂刷黏结剂。待胶膜表面稍干后，将地板按设计要求粘贴在基层上，再用压辊均匀滚压地板，使地板变得表面平整，并挤出空气。同时，修整接缝处的翘边。

⑤焊接：卷材地板接缝需要焊接。地板粘贴后待胶水完全固化，再进行开槽和焊缝。对两卷材接缝处的搭接地板进行切割，再用专用的开槽器沿接缝处进行开槽，开槽深度约地板厚度的 2/3，这样可以使焊接更牢固。清扫槽内的灰尘和碎屑后，可选择同质同色的焊条，使用配套的焊枪进行焊缝。调节焊枪的温度，以适当的焊接速度匀速地将熔化的焊条挤压到开好的槽中。在焊条冷却时，用专用的铲刀将高于地板的部分铲去，保持地板的平整度（见图5-8-4）。

图 5-8-4　PVC 地板焊缝

⑥清洁、保养：选择相应的清洁剂进行清洁，其间应避免重物、利器损伤地板表面（见图 5-8-5）。

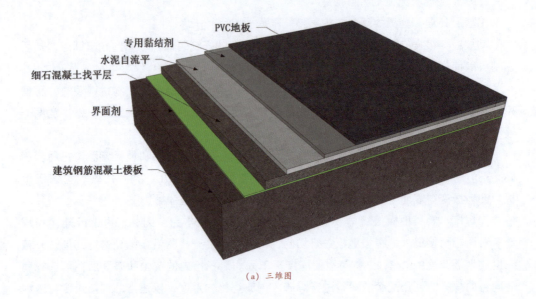

PVC地板
专用黏结剂
水泥自流平
细石混凝土找平层
界面剂
建筑钢筋混凝土楼板

（a）三维图

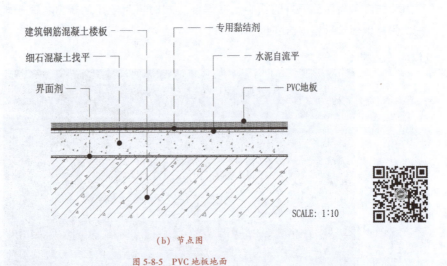

建筑钢筋混凝土楼板
细石混凝土找平
界面剂
专用黏结剂
水泥自流平
PVC地板

SCALE: 1:10

（b）节点图

图 5-8-5 PVC 地板地面

（二）橡胶地板

橡胶地板是以天然橡胶、合成橡胶为主要材料，添加各种辅助材料，经过一系列加工工艺而制成的一种弹性铺地材料。橡胶地板具有色彩丰富、耐磨、吸音、抗震、抗静电、易清洗、施工方便、使用寿命长等特点，广泛适用于健身房、训练场、医院、图书馆、美术馆、办公室、影剧院等空间（见图 5-8-6）。

图 5-8-6　橡胶地板

1. 橡胶地板的规格

橡胶地板按形状可分为卷材和块材。卷材规格：1m～2m（宽）×12m～25m（长）。块材尺寸：500mm×500mm、600mm×600mm、1000mm×1000mm。

2. 橡胶地板的施工工艺

橡胶地板的施工工艺与 PVC 地板相同。

（三）网络地板、防静电地板

网络地板是一种架空地板，是便于网络线、电源线等线路的综合布线而设计的地板，具有施工方便、布线灵活等优点，能适应现代办公空间频繁的布局变化和自动化设备的增减，极大地提高工作效率，广泛应用于高级写字楼、教室等空间。网络地板为方块状模块，其结构由面板、支架两部分组成。网络地板按形式可分为不带线槽和带线槽两种，按材质可分为全钢网络地板、塑料网络地板、复合网络地板等。

防静电地板又称抗静电地板，是一种架空地板。计算机机房、通信机房、数据库机房等空间对环境要求较高，需要有静电泄放措施和接地构造，防静电地板接地或连接到任何较低电位点时，能使电荷耗散，达到防静电的效果。根据《电子信息系统机房设计规范》（GB50174—2008）规定，防静电地板或地面的表面电阻或体积电阻应为 $2.5 \times 10^{4} \sim 1.0 \times 10^{9} \Omega$。

防静电地板为方块状模块，其结构由面板、支架、横梁三部分组成。防静电地板按面板的材质可分为全钢防静电地板、铝合金防静电地板、陶瓷合金防静电地板、硫酸钙防静电地板、PVC 防静电地板、复合防静电地板等。

1. 网络地板与防静电地板的规格

网络地板与防静电地板规格相同。面板幅面规格为 500mm×500mm、600mm×

600mm，厚度常为 25mm、28mm、30mm、35mm、40mm 等。支架用来支撑面板，其高度可根据设计要求定制，常见的高度有 100mm、150mm、200mm、250mm、300mm 等。

2. 网络地板与防静电地板的施工工艺与构造

网络地板与防静电地板的施工工艺相似，地板必须在吊顶、墙面等工作完成后铺设。

①基层处理：地板的基层应该平整、干燥、坚固、干净。

②放线：根据空间的尺寸和地板的实际尺寸，做好铺装设计，先选好起铺点，然后在基层表面弹出网格线。

③安放支架：将支架安放在网格线的十字交点上，调整支架至水平。

④铺放面板：网络地板的安装在支架安装好以后进行，把面板放在支架上面即可，然后用螺丝进行紧固。防静电地板的安装要在支架间先安装横梁，再将面板放在上面，然后进行防静电处理并接保护电阻盒。铺放面板时要避免杂物、灰尘遗留在面板下面。

⑤切割收边：若墙角处剩余的尺寸小于面板，需切割地板进行拼补。若是需要收边条的，最后把收边条装上。

⑥铺设面层：网络地板在面板铺放好后需在其上铺设面层，面层采用的材料非常广泛，如 PVC 地板、塑料地板、地毯、木地板等（见图 5-8-7）。

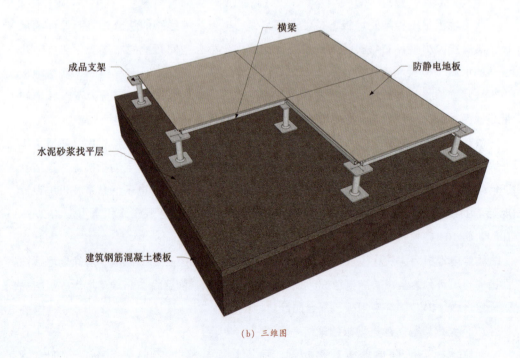

（b）三维图

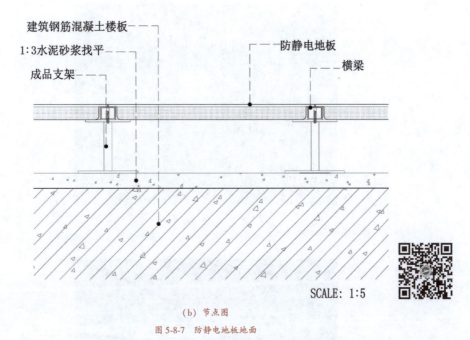

（b）节点图

图 5-8-7 防静电地板地面

二、吸音板

（一）矿棉吸声板

矿棉吸声板又名矿棉装饰吸声板、矿棉装饰板、矿棉板，是以矿渣棉为主要原材料，加入适量的黏结剂和其他辅料，经成型、烘干、切割、表面处理等工艺加工而成（见图 5-8-8）。矿棉板具有吸声、隔热、质轻、防火（燃烧性能等级达到 A 级）等优点，广泛应用于会议室、办公室、候车室、影剧院等空间的室内吊顶（见图 5-8-9、图 5-8-10）。矿棉吸声板的装饰效果较好，表面可以以压花、方格、长条、喷砂、浮雕等方式进行加工。

1. 矿棉吸声板的规格

矿棉吸声板有条形板和方形板，常见的规格（长×宽）有 600mm×600mm、600mm×1200mm、300mm×1200mm、300mm×1500mm、300mm×1800mm 等，厚度为 9~24mm。

2. 矿棉吸声板吊顶的施工工艺与构造

矿棉吸声板吊顶使用轻钢龙骨作为吊顶骨架。吊顶骨架根据设计要求，多采用主龙骨、T 型主龙骨、T 型次龙骨的组合搭配及配件组合成系统。根据 T 型龙骨是否裸露，可以将矿棉吸声板分为明架和暗架两种安装方式。

（1）明架矿棉吸声板吊顶

图 5-8-8　矿棉吸声板

图 5-8-9　医院内的矿棉吸声板顶面

图 5-8-10　录影棚内的矿棉吸声板顶面

首先按要求安装主龙骨，然后根据选用的矿棉吸声板的规格，排列 T 型主龙骨的间距，将 T 型主龙骨使用连接件与主龙骨连接，T 型次龙骨安装于两 T 型主龙骨之间，组合成龙骨架，再将矿棉吸声板直接放在 T 型龙骨架上（见图 3-2-8）。此种方式安装简便，可使用不开槽板、四边裁口板，且便于矿棉吸声板拆卸，常使用不上人吊顶龙骨，主龙骨通常采用 C38，吊杆一般采用 $\phi 6$ 钢筋吊杆或 M6 全丝吊杆以及相应吊件。这种安装方式不需要做检修口（见图 5-8-11）。

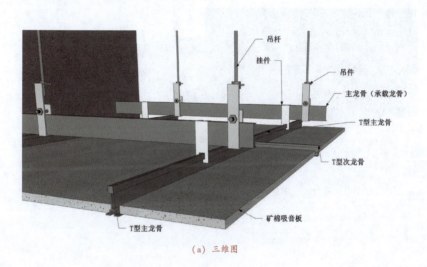

（a）三维图

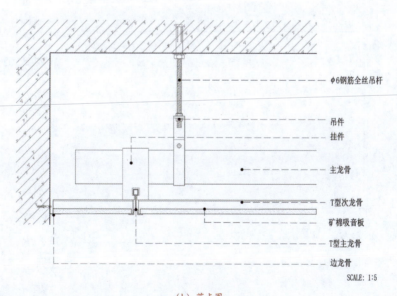

SCALE: 1:5

（b）节点图

图 5-8-11　明架矿棉吸声板吊顶

（2）暗架矿棉吸声板吊顶

　　首先按要求安装主龙骨，上人吊顶选用 CS50 或 CS60 主龙骨及配件，不上人吊顶采用 C38 主龙骨及配件，主龙骨两端要靠紧墙壁，避免安装矿棉板时龙骨架晃动。将侧面中间开槽的矿棉板逐一插入 T 型龙骨架中，板与板之间用插片连接。暗架法中的矿棉板不方便拆卸，需要做检修口（见图 5-8-12）。

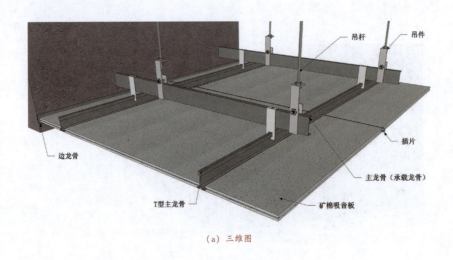

（a）三维图

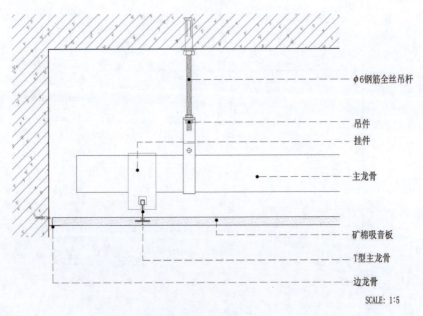

SCALE: 1:5

（b）节点图

图 5-8-12　暗架矿棉吸声板吊顶

（二）聚酯纤维吸音板

聚酯纤维吸声板是以100%聚酯纤维为原料，经过热压熔合后聚酯纤维呈现茧棉形状。聚酯纤维吸声板是一种多孔、质软的吸音材料，集吸声、隔热及装饰为一体。它的颜色丰富，同时可做印花、烫金、植绒、压膜等处理。聚酯纤维吸声板因质轻、抗冲击性能好、吸声、隔热、易加工、装饰效果好等优点，广泛应用于会议室、办公室、教室、影剧院等空间的室内墙面、顶面（见图5-8-13、图5-8-14）。

图 5-8-13　会议室中的聚酯纤维吸音板墙面

图 5-8-14　录影棚中的聚酯纤维吸音板墙面

1. 聚酯纤维吸音板的规格

聚酯纤维吸声板常见的规格（长×宽）有2420mm×1220mm，厚度为9mm、12mm、15mm等。

2. 聚酯纤维吸音板的施工工艺与构造

聚酯纤维吸声板常以木龙骨或轻钢龙骨随墙龙骨骨架为支撑结构，以石膏板、胶合板等为基层连接材料，以胶粘的方式固定（见图5-8-15）。

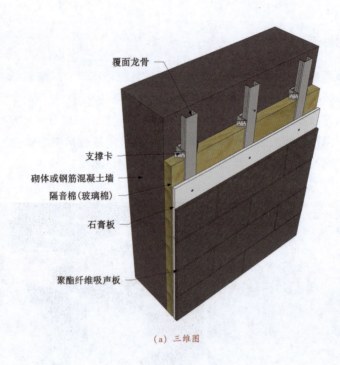

覆面龙骨

支撑卡

砌体或钢筋混凝土墙

隔音棉(玻璃棉)

石膏板

聚酯纤维吸声板

(a) 三维图

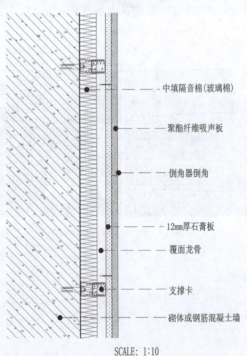

中填隔音棉(玻璃棉)

聚酯纤维吸声板

倒角器倒角

12mm厚石膏板

覆面龙骨

支撑卡

砌体或钢筋混凝土墙

SCALE: 1:10

(b) 节点图

图 5-8-15 聚酯纤维吸声板墙面

（三）穿孔石膏板

穿孔石膏板是由建筑石膏、特制覆面纸经特殊加工的石膏板为基材，经过垂直于板面穿孔而制成的板材。穿孔石膏板可分为纸面、覆膜和玻璃纤维复合穿孔石膏板等种类。穿孔石膏板具有质轻、吸音、防火的优点，同时还具有丰富的装饰效果，其上的穿孔可做圆孔、方孔、多边孔、交叉孔、不规则孔等多种形式，覆膜穿孔石膏板表面附着PVC膜，可以做出仿木材、石材、金属等纹样。穿孔石膏板广泛应用于会议室、办公室、图书馆、展览馆、影剧院等空间室内的吊顶、隔墙（见图5-8-16）。

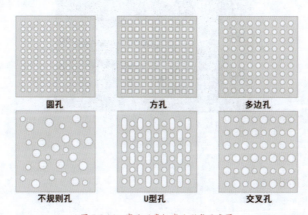

图 5-8-16　穿孔石膏板穿孔形式示意图

1. 穿孔石膏板的规格

穿孔石膏板有条形板和方形板，常见的规格（长×宽）有 600mm×600mm、600mm×1200mm、1200mm×2400mm、1200mm×3000mm 等，厚度为 9.5mm、12mm，玻璃纤维复合穿孔石膏板的厚度为 15mm、18mm、30mm 等。

2. 穿孔石膏板的施工工艺与构造

穿孔石膏板可用于隔墙和吊顶，其施工工艺同纸面石膏板隔墙、吊顶相似。需要注意的是：一方面，穿孔时要控制好孔洞的规整性，保证版面良好的视觉效果。另一方面，要根据穿孔石膏板的实际情况，将板面之间留出合适尺寸的缝隙，并使用专用的接缝材料填充板缝。

（四）玻璃棉

玻璃棉是以玻璃纤维为主要材料，然后按一定比例与其他辅料混合，经过固化、定型、切割等一系列工艺制作而成。玻璃棉可根据不同用途加工成玻璃棉板、玻璃棉等产品。

玻璃棉具有轻质，吸声、保温、防火（燃烧性能等级达到 A 级）、隔热性能好，施工方便等特点，可用于酒店、会议室、影剧院、音乐厅、体育馆、会场等空间室内龙骨隔墙、吊顶的填充材料，是一种常用的隔音棉。

　　玻璃棉多为板状形态，常见的规格为长度 1200mm ~ 2400mm、宽度 600mm ~ 1200mm、厚度 15mm ~ 100mm、密度 24kg/m³ ~ 96kg/m³（见图 5-8-17）。

图 5-8-17　玻璃棉

（五）木质吸声板

　　木质吸声板是根据声学原理将木饰面、芯材和吸声薄毡组合而成的吸音板材。木质吸声板的木饰面常为三聚氰胺浸渍胶膜纸、天然木皮，芯材常为实木板、高密度板、胶合板、刨花板等，芯材常做表面开槽、背面穿孔处理。木质吸声板具有吸音效果好、质量轻、强度高、防火性能好等优点，并且其图案丰富、立体感强、施工简便（见图 5-8-18）。

图 5-8-18　木质吸声板

　　1. 木质吸声板的规格

　　木质吸声板常为条形板状，同木地板一般，企口接缝，常见的规格（长×宽）有 2440mm×132mm、2440mm×197mm 等，厚度为 12mm、15mm 等。

2. 木质吸声板的施工工艺与构造

木质吸声板常以型钢或轻钢龙骨随墙龙骨骨架为支撑结构，以胶合板条为基层连接材料，以枪钉在企口凹槽处将吸声板固定在胶合板上（见图 5-8-19）。

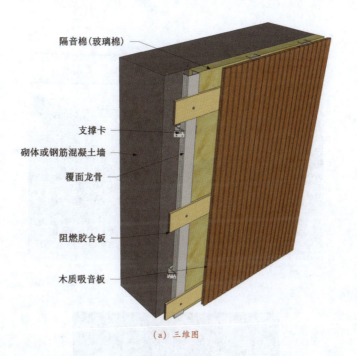

隔音棉(玻璃棉)

支撑卡

砌体或钢筋混凝土墙

覆面龙骨

阻燃胶合板

木质吸音板

（a）三维图

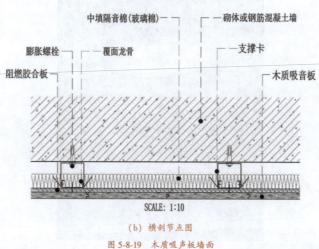

中填隔音棉(玻璃棉)　　砌体或钢筋混凝土墙

膨胀螺栓　　覆面龙骨　　支撑卡

阻燃胶合板　　木质吸音板

SCALE: 1:10

（b）横剖节点图

图 5-8-19　木质吸声板墙面

三、软膜天花

软膜天花是以软膜为主要材料而制作的发光天花。软膜采用特殊聚氯乙烯材料制成，由于制作材料不同，其燃烧性能等级可分为 B1 级、A 级，常见的为 B1 级。软膜不仅透光性较好，而且具有重量轻、幅面大、安装方便、装饰效果好等优点，广泛应用于餐厅、商场、会所、会议室、办公室、医院、学校、商场、博物馆、美术馆、音乐厅等空间（见图 5-8-20、图 5-8-21）。

图 5-8-20　专卖店的软膜天花

图 5-8-21　会议室的软膜天花

1. 软膜的种类

①透光膜：这是最常见的软膜类型，颜色呈白色或乳白色，半透明状。燃烧性能等

级为 B1 级的透光膜在封闭空间内的透光率约为 70%，燃烧性能等级为 A 级的透光膜在封闭空间内的透光率约为 55 %。透光膜可柔化灯光，产生均匀柔和的灯光效果。

②光面膜：有很强的光感，能产生类似镜面的反射效果。

③亚光膜：光感次于光面膜，视觉效果柔和。

④金属面膜：具有一定的金属质感，能产生类似金属的光感。

⑤压纹膜：软膜表面有压印的花纹。

⑥印花膜：软膜表面印有花纹。

⑦喷绘膜：利用打印技术，可将定制的图案打印在软膜上，丰富了软膜的视觉表现力。

⑧鲸皮面膜：软膜表面呈绒毛状，具有一定的吸声性能。

⑨针孔膜：软膜表面可根据设计要求做出直径小于 10mm 的小孔，用于提高吸声功能。

2. 软膜的规格

软膜的厚度为 0.15~0.5mm，幅面可按设计需求定制，最大幅面宽度为 5 米左右，但过大的宽幅很容易导致软膜下垂，破坏设计效果。

3. 软膜天花的施工工艺与构造

软膜天花主要是由软膜和专用的铝合金龙骨两部分组成。铝合金龙骨是用来连接墙体、吊顶和软膜的构件，可以安装在墙体和吊顶上，共有五种型号：扁码、F 码、纵双码、横双码、楔形码（见表 5-8-1）。

表 5-8-1　　　　　　　　　　　　　铝合金龙骨名称

龙骨名称	简图	龙骨名称	简图
扁码		F 码	
纵双码		横双码	
楔形码			

①制作箱体与布灯：根据设计要求制作软膜天花的箱体，在箱体底部布置光源，光源常为日光灯管和 LED 线条灯带，光源排布间距与箱体深度以 1：1~1：1.5 为宜，箱体深度以 150~300mm 为宜。

②安装龙骨：根据设计要求，选择相应的铝合金龙骨固定在箱体沿口处。若软膜需

要分格，则在箱体内部增加纵双码或横双码。

③安装软膜：将扣边（采用半硬质聚氯乙烯挤压成型的辅料）与软膜的四周边缘焊接，用铲刀将扣边和软膜塞入铝合金龙骨的卡槽中（见图5-8-22）。

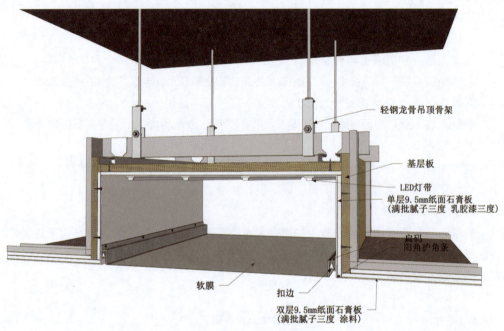

轻钢龙骨吊顶骨架

基层板

LED灯带
单层9.5mm纸面石膏板
（满批腻子三度 乳胶漆三度）

扁码
阳角护角条

软膜　　扣边

双层9.5mm纸面石膏板
（满批腻子三度 涂料）

（a）三维图

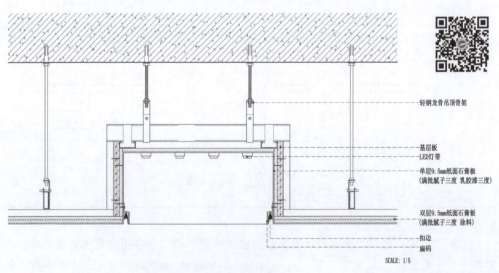

轻钢龙骨吊顶骨架

基层板
LED灯带
单层9.5mm纸面石膏板
（满批腻子三度 乳胶漆三度）

双层9.5mm纸面石膏板
（满批腻子三度 涂料）
扣边
扁码

SCALE: 1:5

（b）节点图

图5-8-22　软膜天花

参 考 文 献

［1］张绮曼、郑曙旸．室内设计资料集［M］．北京：中国建筑工业出版社，1991．

［2］向才旺．建筑装饰材料［M］．北京：中国建筑工业出版社，2003．

［3］中国建筑标准设计研究院．国家建筑标准设计图集·隔断、隔断墙（一）［M］．北京：中国计划出版社，2009．

［4］黄音，兰定筠．建筑结构［M］．北京：中国建筑工业出版社，2010．

［5］代洪卫．装饰装修材料标准速查与选用指南［M］．北京：中国建筑工业出版社，2011．

［6］中国建筑标准设计研究院．国家建筑标准设计图集·内装修：室内吊顶［M］．北京：中国计划出版社，2012．

［7］中国建筑标准设计研究院．国家建筑标准设计图集·内装修：楼（地）面装修［M］．北京：中国计划出版社，2013．

［8］隋良志，李玉甫．建筑与装饰材料［M］．天津：天津大学出版社，2014．

［9］李星荣，魏才昂等．钢结构连接节点设计手册［M］．北京：中国建筑工业出版社，2014．

［10］高水静．建筑装饰材料［M］．北京：中国轻工业出版社，2015．

［11］施济光．装饰构造与材料应用［M］．沈阳：辽宁美术出版社，2015．

［12］杨维菊. 建筑构造设计［M］. 北京：中国建筑工业出版社，2016.

［13］王雨峰. 装饰材料与施工工艺［M］. 石家庄：河北美术出版社，2016.

［14］李继业，周翠玲等. 建筑装饰装修工程施工技术手册［M］. 北京：化学工业出版社，2017.

［15］倪安葵，蓝建勋等. 建筑装饰装修施工手册［M］. 北京：中国建筑工业出版社，2017.

［16］周康等. 装饰材料与施工工艺［M］. 镇江：江苏大学出版社，2018.

［17］赵鲲，朱小斌等. 室内设计节点手册［M］. 上海：同济大学出版社，2019.

附录一　省、自治区、直辖市、行政区代码

北京市　110000

天津市　120000

河北省　130000

山西省　140000

内蒙古自治区　150000

辽宁省　210000

吉林省　220000

黑龙江省　230000

上海市　310000

江苏省　320000

浙江省　330000

安徽省　340000

福建省　350000

江西省　360000

山东省　370000

河南省　410000

湖北省　420000

湖南省　430000

广东省　440000

广西壮族自治区　450000

海南省　460000

四川省　510000

贵州省　520000

云南省　530000

西藏自治区　540000

陕西省　610000

甘肃省　620000

青海省　630000

宁夏回族自治区　640000

新疆维吾尔自治区　650000

台湾地区　710000

重庆市　500000

附录二　型钢规格表

一、工字钢

符号：

h—高度
b—腿宽度
d—腰厚度
t—腿中间厚度
r—内圆弧半径
r1—腿端圆弧半径

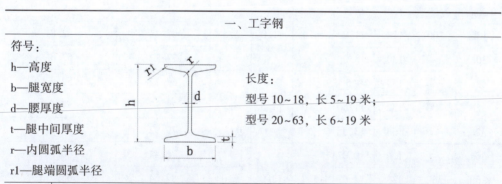

长度：

型号 10~18，长 5~19 米；

型号 20~63，长 6~19 米

型号	截面尺寸（mm）						截面面积（cm²）	理论重量（kg/m）
	h	b	d	t	r	r1		
10	100	68	4.5	7.6	6.5	3.3	14.33	11.3
12	120	74	5.0	8.4	7.0	3.5	17.80	14.0
12.6	126	74	5.0	8.4	7.0	3.5	18.10	14.2
14	140	80	5.5	9.1	7.5	3.8	21.50	16.9
16	160	88	6.0	9.9	8.0	4.0	26.11	20.5

型号	截面尺寸（mm）						截面面积（cm²）	理论重量（kg/m）
	h	b	d	t	r	r1		
18	180	94	6.5	10.7	8.5	4.3	30.74	24.1
20a	200	100	7.0	11.4	9.0	4.5	35.55	27.9
20b		102	9.0				39.55	31.1
22a	220	110	7.5	12.3	9.5	4.8	42.10	33.1
22b		112	9.5				46.50	36.5
24a	240	116	8.0	13.0	10.0	5.0	47.71	37.5
24b		118	10.0				52.51	41.2
25a	250	116	8.0				48.51	38.1
25b		118	10.0				53.51	42.0
27a	270	122	8.5	13.7	10.5	5.3	54.52	42.8
27b		124	10.5				59.92	47.0
28a	280	122	8.5				55.37	43.5
28b		124	10.5				60.97	47.9
30a	300	126	9.0	14.4	11.0	5.5	61.22	48.1
30b		128	11.0				67.22	52.8
30c		130	13.0				73.22	57.5
32a	320	130	9.5	15.0	11.5	5.8	67.12	52.7
32b		132	11.5				73.52	57.7
32c		134	13.5				79.92	62.7
36a	360	136	10.0	15.8	12.0	6.0	76.44	60.0
36b		138	12.0				83.64	65.7
36c		140	14.0				90.84	71.3
40a	400	142	10.5	16.5	12.5	6.3	86.07	67.6
40b		144	12.5				94.07	73.8
40c		146	14.5				102.1	80.1
45a	450	150	11.5	18.0	13.5	6.8	102.4	80.4
45b		152	13.5				111.4	87.4
45c		154	15.5				120.4	94.5

续表

型号	截面尺寸（mm）						截面面积（cm²）	理论重量（kg/m）
	h	b	d	t	r	r1		
50a		158	12.0				119.2	93.6
50b	500	160	14.0	20.0	14.0	7.0	129.2	101
50c		162	16.0				139.2	109
55a		166	12.5				134.1	105
55b	550	168	14.5				145.1	114
55c		170	16.5	21.0	14.5	7.3	156.1	123
56a		166	12.5				13S.4	106
56b	560	168	12.5				146.6	115
56c		170	16.5				157.8	124
63a		176	13.0				154.6	121
63b	630	178	15.0	22.0	15.0	7.5	167.2	131
63c		180	17.0				179.8	141

二、槽　钢

符号：

h—高度

b—腿宽度

d—腰厚度

t—腿中间厚度

r—内圆弧半径

r1—腿端圆弧半径

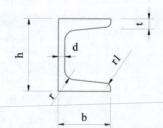

长度：

型号 10~18，长 5~19 米；

型号 20~63，长 6~19 米

型号	截面尺寸（mm）						截面面积（cm²）	理论重量（kg/m）
	h	b	d	t	r	r1		
5	50	37	4.5	7.0	7.0	3.5	6.925	5.41
6.3	63	40	4.8	7.5	7.5	3.8	8.446	6.63
6.S	65	40	4.3	7.5	7.5	3.8	8.292	6.51
8	80	43	5.0	8.0	8.0	4.0	10.24	8.04
10	100	48	5.3	8.5	8.5	4.2	12.74	10.0
12	120	53	5.5	9.0	9.0	4.5	15.36	12.1
12.6	126	53	5.5	9.0	9.0	4.5	15.69	12.3

续表

型号	截面尺寸（mm）						截面面积（cm²）	理论重量（kg/m）
	h	b	d	t	r	r1		
14n	140	58	6.0	9.5	9.5	4.8	18.51	14.5
14b		60	8.0				21.31	16.7
16a	160	63	6.5	10.0	10.0	5.0	21.95	17.2
16b		65	8.5				25.15	19.8
18a	180	68	7.0	10.5	10.5	5.2	25.69	20.2
18b		70	9.0				29.29	23.0
20a	200	73	7.0	11.0	11.0	5.5	28.83	22.6
20b		75	9.0				32.83	25.8
22a	220	77	7.0	11.5	11.5	5.8	31.83	25.0
22b		79	9.0				36.23	28.5
24a	240	78	7.0	12.0	12.0	6.0	M.21	26.9
24b		80	9.0				39.01	30.6
24c		82	11.0				43.81	34.4
25a	250	78	7.0				34.91	27.4
25b		80	9.0				39.91	31.3
25c		82	11.0				44.91	35.3
27a	270	82	7.5	12.5	12.5	6.2	39.27	30.8
27b		84	9.5				44.67	35.1
27c		86	11.5				50.07	39.3
28a	280	82	7.5				40.02	31.4
28b		84	9.5				45.62	35.8
28c		86	11.5				51.22	40.2
30a	300	85	7.5	13.5	13.5	6.8	43.89	34.5
30b		87	9.5				49.89	39.2
30c		89	11.5				55.89	43.9
32a	320	88	8.0	14.0	14.0	7.0	48.50	38.1
32b		90	10.0				54.90	43.1
32c		92	12.0				61.30	48.1

续表

型号	截面尺寸（mm）						截面面积（cm²）	理论重量（kg/m）
	h	b	d	t	r	r1		
36a		96	9.0				60.89	47.8
36b	360	98	11.0	16.0	16.0	8.0	68.09	53.5
36c		100	13.0				75.29	59.1
40a		100	10.5				75.04	58.9
40b	400	102	12.5	18.0	18.0	9.0	83.04	65.2
40c		104	14.5				91.04	71.5

三、等边角钢

符号：

b—边宽度

d—边厚度

r—内圆弧半径

r1—边端圆弧半径

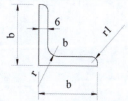

型号	截面尺寸（mm）			截面面积（cm²）	理论重量（kg/m）
	b	d	r		
2	20	3		1.132	0.89
		4		1.459	1.15
2.5	25	3	3.5	1.432	1.12
		4		1.859	1.46
3.0	30	3		1.749	1.37
		4		2.276	1.79
3.6	36	3	4.5	2.109	1.66
		4		2.756	2.16
		5		3.382	2.65
4	40	3		2.359	1.85
		4		3.086	2.42
		5		3.792	2.98
4.5	45	3	5	2.659	2.09
		4		3.486	2.74
		5		4.292	3.37

型号	截面尺寸（mm）			截面面积（cm²）	理论重量（kg/m）
	b	d	r		
5	50	3	5.5	2.971	2.33
		4		3.897	3.06
		5		4.803	3.77
		6		5.688	4.46
5.6	56	3	6	3.343	2.62
		4		4.39	3.45
		5		5.415	4.25
		6		6.42	5.04
		7		7.404	5.81
		8		8.367	6.57
6	60	5	6.5	5.829	4.S8
		6		6.914	5.43
		7		7.977	6.26
		8		9.02	7.08
6.3	63	4	7	4.978	3.91
		5		6.143	4.82
		6		7.288	5.72
		7		8.412	6.60
		8		9.515	7.47
		10		11.66	9.15
7	70	4	8	5.570	4.37
		5		6.876	5.40
		6		8.160	6.41
		7		9.424	7.40
		8		10.67	8.37

续表

型号	截面尺寸（mm）			截面面积（cm²）	理论重量（kg/m）
	b	d	r		
9	90	6	10	10.64	8.35
		7		12.30	9.66
		8		13.94	10.9
		9		15.57	12.2
		10		17.17	13.5
		12		20.31	15.9
10	100	6	12	11.93	9.3
		7		13.80	10.8
		8		15.64	12.3
		9		17.46	13.7
		10		19.26	15.1
		12		22.80	17.9
		14		26.26	20.6
		16		29.63	23.3

四、不等边角钢

符号：

B—长边宽度

b—短边宽度

d—边厚度

r—内圆弧半径

r1—边端圆弧半径

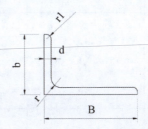

型号	截面尺寸（mm）				截面面积（cm²）	理论重量（kg/m）
	b	b	d	r		
2.5、1.6	25	16	3	3.5	1.162	0.91
			4		1.499	1.18
3.2/2	32	20	3		1.492	1.17
			4		1.939	1.52

续表

型号	截面尺寸（mm）				截面面积（cm²）	理论重量（kg/m）
	b	b	d	r		
4/2.5	40	25	3	4	1.890	1.48
			4		2.467	1.94
4.5/2.8	45	28	3	5	2.149	1.69
			4		2.806	2.20
5/3.2	50	32	3	5.5	2.431	1.91
			4		3.177	2.49
5.6/3.6	56	36	3	6	2.743	2.15
			4		3.590	2.82
			5		4.415	3.47
6.3/4	63	40	4	7	4.058	3.19
			5		4.993	3.92
			6		5.908	4.64
			7		6.802	5.34
7/4.5	70	45	4	7.5	4.553	3.57
			5		5.609	4.40
			6		6.644	5.22
7.5/5	75	50	5	8	6.126	4.81
			6		7.260	5.70
			8		9.467	7.43
			10		11.59	9.10
8/5	80	50	5		6.376	5.00
			6		7.560	5.93
			7		8.724	6.85
			8		9.867	7.75
9/5.6	90	56	5	9	7.212	5.66
			6		8.557	6.72
			7		9.881	7.76
			8		11.18	8.78

续表

型号	截面尺寸（mm）				截面面积（cm²）	理论重量（kg/m）
	b	b	d	r		
10/6.3	100	63	6	10	9.618	7.55
			7		11.11	8.72
			8		12.58	9.88
			10		15.47	12.1
10/8	100	80	6	10	10.64	8.35
			7		12.30	9.66
			8		13.94	10.9
			10		17.17	13.5

五、方形型钢

符号：

b—边长

t—壁厚

r—外圆弧半径

备注：

方形型钢简称为方管。

边长/b（mm）	壁厚/t（mm）	截面面积（cm²）	理论重量（kg/m）
20	1.2	0.865	0.679
	1.5	1.052	0.826
	1.75	1.199	0.941
	2.0	1.340	1.050
25	1.2	1.105	0.867
	1.5	1.352	1.061
	1.75	1.548	1.215
	2.0	1.736	1.363
30	1.5	1.652	1.296
	1.75	1.898	1.490
	2.0	2.136	1.677
	2.5	2.589	2.032
	3.0	3.008	2.361

续表

边长/b（mm）	壁厚/t（mm）	截面面积（cm²）	理论重量（kg/m）
40	1.5	2.525	1.767
	1.75	2.598	2.039
	2.0	2.936	2.305
	2.5	3.589	2.817
	3.0	4.208	3.303
	4.0	5.347	4.198
50	1.5	2.852	2.238
	1.75	3.298	2.589
	2.0	3.736	2.933
	2.5	4.589	3.602
	3.0	5.408	4.245
	4.0	6.947	5.454
60	2.0	4.540	3.560
	2.5	5.589	4.387
	3.0	6.608	5.187
	4.0	8.547	6.710
	5.0	10.356	8.129
70	2.5	6.590	5.170
	3.0	7.808	6.129
	4.0	10.147	7.966
	5.0	12.356	9.699
80	2.5	7.589	5.957
	3.0	9.008	7.071
	4.0	11.747	9.222
	5.0	14.356	11.269
90	3.0	10.208	8.013
	4.0	13.347	10.478
	5.0	16.356	12.839
	6.0	19.232	15.097

续表

边长/b（mm）	壁厚/t（mm）	截面面积（cm²）	理论重量（kg/m）
	4.0	11.947	11.734
100	5.0	18.356	14.409
	6.0	21.632	16.981

六、矩 形 型 钢

符号：

B—长边
b—短边
t—壁厚
r—外圆弧半径

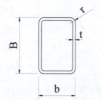

备注：
矩形型钢简称为矩管。

边长/B（mm）	边长/b（mm）	壁厚/t（mm）	截面面积（cm²）	理论重量（kg/m）
30	20	1.5	1.35	1.06
		1.75	1.55	1.22
		2.0	1.74	1.36
		2.5	2.09	1.64
40	20	1.5	1.65	1.30
		1.75	1.90	1.49
		2.0	2.14	1.68
		2.5	2.59	2.03
		3.0	3.01	2.36
40	25	1.5	1.80	1.41
		1.75	2.07	1.63
		2.0	2.34	1.83
		2.5	2.84	2.23
		3.0	3.31	2.60
40	30	1.5	1.95	1.53
		1.75	2.25	1.77
		2.0	2.54	1.99
		2.5	3.09	2.42
		3.0	3.61	2.83

续表

边长/B（mm）	边长/b（mm）	壁厚/t（mm）	截面面积（cm²）	理论重量（kg/m）
50	25	1.5	2.10	1.65
		1.75	2.42	1.90
		2.0	2.74	2.15
		2.5	2.34	2.62
		3.0	3.91	3.07
50	30	1.5	2.252	1.767
		1.75	2.598	2.039
		2.0	2.936	2.305
		2.5	3.589	2.817
		3.0	4.206	3.303
		4.0	5.347	4.198
50	40	1.5	2.552	2.003
		1.75	2.948	2.314
		2.0	3.336	2.619
		2.5	4.089	3.210
		3.0	4.808	3.775
		4.0	6.148	4.826
55	25	1.5	2.252	1.767
		1.75	2.598	2.039
		2.0	2.936	2.305
55	40	1.5	2.702	2.121
		1.75	3.123	2.452
		2.0	3.536	2.776
55	50	1.75	3.473	2.726
		2.0	3.936	3.090
55	25	1.5	2.252	1.767
60	30	2.0	3.337	2.620
		2.5	4.089	3.209
		3.0	4.808	3.774
		4.0	6.147	4.826

续表

边长/B（mm）	边长/b（mm）	壁厚/t（mm）	截面面积（cm²）	理论重量（kg/m）
60	40	2.0	3.737	2.934
		2.5	4.589	3.602
		3.0	5.408	4.245
		4.0	6.947	5.451
70	50	2.0	4.537	3.562
		3.0	6.608	5.187
		4.0	8.547	6.710
		5.0	10.356	8.129
80	40	2.0	4.536	3.561
		2.5	5.589	4.387
		3.0	6.608	5.187
		4.0	8.547	6.710
		5.0	10.356	8.129
80	60	3.0	7.808	6.129
		4.0	10.147	7.966
		5.0	12.356	9.699
90	40	3.0	7.208	5.658
		4.0	9.347	7.338
		5.0	11.356	8.914
90	50	2.0	5.337	4.190
		2.5	6.589	5.172
		3.0	7.808	6.129
		4.0	10.147	7.966
		5.0	12.356	9.699
90	55	2.0	5.536	4.346
		2.5	6.839	5.368
90	60	3.0	8.408	6.600
		4.0	10.947	8.594
		5.0	13.356	10.484

续表

边长/B（mm）	边长/b（mm）	壁厚/t（mm）	截面面积（cm²）	理论重量（kg/m）
95	50	2.0	5.537	4.347
		2.5	6.839	5.369
100	50	3.0	8.408	6.690
		4.0	10.947	8.594
		5.0	13.356	10.484

七、圆 形 型 钢

符号：

D—外径

t—壁厚

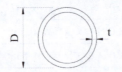

备注：

圆形型钢简称为圆管；

括号内为 ISO4019 所列规格。

边长/D（mm）	壁厚/t（mm）	截面面积（cm²）	理论重量（kg/m）
21.3 （21.3）	1.2	0.76	0.59
	1.5	0.93	0.73
	1.75	1.07	0.84
	2.0	1.21	0.95
	2.5	1.48	1.16
	3.0	1.72	1.35
26.8 （26.9）	1.2	0.97	0.76
	1.5	1.19	0.94
	1.75	1.38	1.08
	2.0	1.56	1.22
	2.5	1.91	1.50
	3.0	2.24	1.76
33.5 （33.7）	1.5	1.51	1.18
	2.0	1.98	1.55
	2.5	2.43	1.91
	3.0	2.87	2.26
	3.5	3.29	2.59
	4.0	3.71	2.91

续表

边长/D（mm）	壁厚/t（mm）	截面面积（cm²）	理论重量（kg/m）
42.3 （42.4）	1.5	1.92	1.51
	2.0	2.53	1.99
	2.5	3.13	2.45
	3.0	3.7	2.91
	4.0	4.81	3.78
48 （48.3）	1.5	2.19	1.72
	2.0	2.89	2.27
	2.5	3.57	2.81
	3.0	4.24	3.33
	4.0	5.53	4.34
	5.0	6.75	5.30
60 （60.3）	2.0	3.64	2.86
	2.5	4.52	3.55
	3.0	5.37	4.22
	4.0	7.04	5.52
	5.0	8.64	6.78
60 （60.3）	2.0	3.64	2.86
	2.5	4.52	3.55
	3.0	5.37	4.22
	4.0	7.04	5.52
75.5 （76.1）	2.5	5.73	4.50
	3.0	6.83	5.36
	4.0	8.98	7.05
	5.0	11.07	8.69
88.5 （88.9）	3.0	8.06	6.33
	4.0	10.62	8.34
	5.0	13.12	10.30
	6.0	15.55	12.21

续表

边长/D（mm）	壁厚/t（mm）	截面面积（cm²）	理论重量（kg/m）
114 （114.3）	4.0	13.82	10.85
	5.0	17.12	13.44
	6.0	20.36	15.98

注：根据《热轧型钢》（GB/T706—2016）、《结构用冷弯空心型钢》（GB/T6728—2017）中相关内容整理。